뇌는 윤리적인가

뇌는 윤리적인가

마이클 S. 가자니가
김효은 옮김

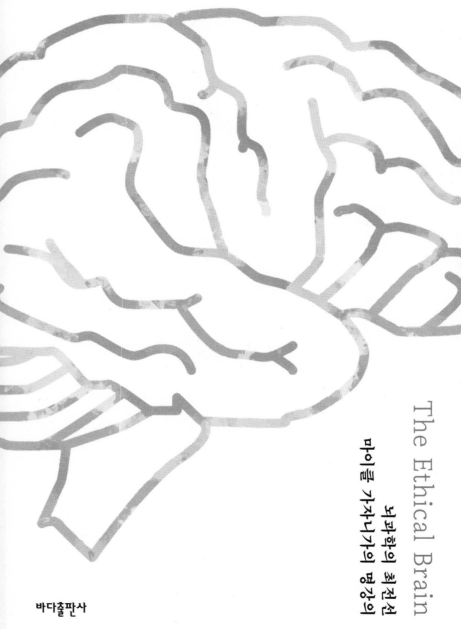

The Ethical Brain
뇌과학의 최전선
마이클 가자니가의 뇌강의

바다출판사

감사의 말

윤리적이고 도덕적인 문제들에 관한 책을 쓴다는 것은 신경과학 실험실에서 평생을 보낸 사람에게는 쉬운 일이 아니다. 그래도 동기는 충분하다. 어떻게 신경시스템이 작동하는지, 특히 그것이 인간의 인지와 자각을 산출하는 데 어떻게 작동하는지를 주로 연구하는 이들은 비록 충분히 커다란 작업을 하고 있다 하더라도 더 큰 문제들을 언급하기 시작해야 한다. 여정은 길었고, 수많은 훌륭하고 재능있는 사람들의 도움이 필요했다. 다트머스 대학교의 호기심 어린 학부생들부터 똑똑하고 지칠 줄 모르는 대학원생들과 박사후과정 연구원들, 그리고 많은 동료들이 도움을 주었다. 아, 재주 많은 나의 가족들도 절대 잊지 않아야 한다.

먼저 학생들에게 고마움을 표한다. 2002년 겨울, 그들과 함께한 나의 뇌과학 세미나 수업은 뇌 발달과 뇌 노화, 뇌 향상, 믿음 형성에 대한 뇌의 기반을 비롯한 많은 문제들의 토대에 대한 이해로부터 생겨난 실제적인 사회·윤리적 문제들을 검토하기 시작했다. 풍부한 토론이 이루어졌고, 궁극적으로 이 책에서 내가 파악하려고 한 많은 생각들을 낳았다. 이에 대해서 나는 학생들에게 빚을 졌다.

다음으로, 이 수업을 수강하지 않았던 두 명의 다트머스 대학교 학생들 또한 신경과학의 관점에서 보는 윤리적 문제에 흥미를 가지게 되었다. 제이콥 왈드바우어와 나는 법적 맥락에서의 자유의지 문제를 논의했다. 그는 스탠포드 대학교로 갔고 매사추세츠 공과대학과 우드 홀Woods Hole의 공동 프로그램을 통해 생명의 본성을 찾는 대학원 공부를 시작했다. 그렇게 하지 않는다면 와이오밍에서 기타를 만들었을 것이다!

다트머스에서 일을 끝내고 로즈 장학금 과정을 막 시작하려던 메건 스티븐은 윤리적 문제에 깊은 관심이 있다고 나에게 말했다. 메건은 옥스퍼드로 떠나기 전 잠시 대통령 생명윤리위원회에서 일했다. 신경과학에서의 그녀의 연구가 발전함에 따라 그녀의 관심도 함께 발전했고, 메건은 박사 과정을 수료하는 와중에도 이 책 각 장의 토대가 되는 연구를 돕기도 했다. 그녀와 나는 "자유의지와 법"에 대한 별도의 논문을 썼고 이 책에서 부분적으로 그 논문을 인용했다. 우리는 인터넷을 통해 지적 공동체를 유지할 수 있었다. 메건은 이 책이 다루고자 하는 것, 즉 차세대 신경과학자들에게 신경과학이 언급하거나 언급하지 않는 심오한 윤리적 문제를 깨닫게 하는 작업을 했다. 메건의 훌륭한 연구는 몹시 중요한 것이었다.

나의 동료 월터 시놋-암스트롱은 복잡한 철학적 문제들에 초심자인 나 같은 사람들을 가르치는, 대단히 열정적인 철학자이다. 그는 사람들이 거의 하려 하지 않는 일을 한다. 남들의 글을 더 낫게 고쳐 주려고 자기 시간을 희생하는 것이다. 그는 이 책의 모든 장들을 하나하나 읽고, 비판하고, 충고했으며, 이에 나는 그에게 큰 빚을 졌다.

또 복잡한 주제에 관한 글을 쓰고 편집하는 걸 좋아하는 내 딸 마린이 있어서 다행이다. 내 딸은 극작가이자 과학 저술가, 편집자,

배우, 프로듀서인 재능있는 젊은 여성이다. 무엇보다도 내 딸은 비평가다. "아빠, 이 장은 이해가 안 돼요"라고 하면 나는 내 딸이 이해할 수 있을 때까지 다시 작업했다. 내 딸에게 매우 고맙다.

마지막으로, 다나 출판사와 제인 네빈스에게 감사를 표한다. 그들이 텍사스에서 이야기한 것처럼 제인은 정말 중요한 사람이다. 그녀는 원고를 열심히 읽어 주었다. 이건 좋고, 이건 아니고, 이 장은 없앨 필요가 있고, 여기는 다시 써야 하고, 등등 적극적이기를 주저하지 않았다. 다시 한번 마음속 깊이 그녀와 다나 출판사 직원들에게 감사를 표한다.

물론, 다른 이들도 내 작업에 말려들지 않을 수 없었다. 나의 훌륭한 보조자인 레베카 타운센드를 비롯하여 원고의 일부나 전체를 읽어 준 다른 이들이 있다. 이 책을 쓰는 건 긴 여행이었고, 나는 이제 차세대 뇌과학자들에게 다음 차례를 기쁘게 넘겨준다. 이 책에서 제기된 많은 문제들을 확장하고 심화시키는 것은 이제 여러분의 몫이다. 모두에게 감사한다.

작년에 나는 한국을 방문하여 "월드 사이언스 포럼"에서 발표를 하는 큰 영광을 얻었다. 그 이후로 나의 아내와 나는 지성과 에너지로 가득한 한국을 매우 사랑하게 되었다. 그때 나는 이 책을 번역한 김효은 박사를 비롯해 많은 한국 과학자들을 만났는데, 그들 모두 대단히 뛰어난 사람들이었다.

한국의 독자들이 이 책에 만족하길 바란다. 좋아하는 카페에서 편안히 앉아 이 책을 즐겨 주었으면 한다.

2009년 2월
마이클 S. 가자니가

차례

1

생명과 신경윤리학

생명이 시작되는 시점을 정할 수 있을까? 일반적으로 수정체가 착상하고 14일부터를 생명의 시작점으로 삼는다. 하지만 아무런 뇌 활동이 없는 세포덩어리를 과연 생명이라 부를 수 있을까? 새로운 기준이 필요하다.

의학이 발전함에 따라 인간의 몸은 건강해지지만 뇌의 건강은 몸을 따라가지 못하고 있다. 인간의 뇌 활동은 어느 시점에 종결되고, 우리는 어느 시점부터 '의식이 없는' 인간이라고 정의할 수 있을까?

2

뇌과학과 지능

3

자유의지, 개인적 책임 그리고 법

4

도덕적 본성과 보편 윤리

새로운 과학의
도전이 시작된다

몇 년 전 나는 시카고 대학교의 생명윤리학자인 레온 카스의 전화를 받았다. 당시 미국 대통령 생명윤리위원회 위원장으로 임명된 그는 내가 참여할 수 있는지를 궁금해했다. 우리는 그 당시 9.11 사태의 공포를 막 경험했고, 모든 미국인들은 어떻게 조국에 최대한 봉사하고 도움이 될 수 있을지를 생각하고 있었다. 나는 자연스럽게 동의했고, 그 결정을 한 번도 후회한 적이 없다.

실제로 나는 그런 일을 위해 아무것도 준비한 것이 없었다. 내가 그 일을 맡았을 때 나는 생명윤리와 관련한 문제들을 깊게 생각해 본 적이 없었다. 카스 박사는 그 점은 걱정하지 않아도 된다고 안심시켰다. 생명윤리위원회는 생명윤리에 관한 문제를 다루는 것이지, 전문적인 생명윤리학자들을 위한 것이 아니었다. 대부분의 생명윤리학자들은 과학자가 아니라 철학자, 신학자 그리고 도덕성에 관한 공공 정책에 관심이 있는 사람들이었다. 다양한 관점을 가진 여러 부류의 전문가들이 필요했다. 나는 신경과학 쪽 문제들을 돕도록 되어 있었다.

나는 약간은 이곳이 나의 무대가 아니라는 걸 느끼면서 첫 번째 회의에 참석했고, 뒤로 물러앉아 듣고 배우자고 나 자신에게 되뇌었다. 생명윤리는 장기 이식으로부터 뇌사의 결정까지, 의료 발전과 관련된 윤리적 문제들을 검토하기 위해 만들어진 연구 분야였다. 나는 의학 박사학위 소지자가 아니라 신경과학 분야의 박사였고, 신경과학과 관련된 문제가 나오면 내가 할 수 있는 최고의 정보를 제공할 수 있었다.

나를 아는 사람들은 이것이 내 의도였다는 걸 들으면 재미있어할지도 모르겠다. 내가 조용히 있을 수 없었다는 사실은 놀랍지 않을 것이다. 우리는 배아 줄기세포라는 분명히 필요한 연구로부터 시작했다. 다수가 이 연구에 반대했는데, 그들은 과학뿐 아니라 생명윤리와 아무 관련이 없어 보이는 사실을 이유로 삼았다. 나에게 분명해진 것은 우리가 가지고 있는 믿음 체계가 개인의 믿음 체계와 독립적으로 고려되어야 하는 문제들에 대한 판단을 왜곡할 수 있다는 것이다. 어떻게 뇌가 마음을 가능하게 하는지를 이해하는 과정에서 나는 어떻게 믿음이 형성되고 심화되는지를 간파했다. 이것은 유년기 이래로 나를 매혹시킨 문제이다. 나는 가톨릭의 믿음 안에서 성장했고, 옆집 소녀는 개신교도였다. 이렇게 약간의 믿음 차이 밖에 없는데도 우리는 완전히 다른 것들을 믿었다. 이슬람교, 불교, 그리고 다른 믿음 체계들인 여러 종교들이 표상하는 믿음의 커다란 차이들은 논외로 하고, 얼마나 강한 믿음이 우리 마음 안에 확립되어 있는지를 이해하는 것이 내 과학적 인생의 목표였다. 앞으로 보겠지만 그런 믿음의 토대를 제공하는 뇌 메커니즘이 있고, 이것을 알게 되면 모든 믿음 체계가 절대적이라는 생각은 흔들릴 것이다. 또 나는 소모성 질환에 대한 미래의 치료법에 흥분하지도 않았고, 상대성에 의해 결정되는 국가 과학 연구의 장래를 염려하지도 않았다. 나는 신경과학이 생명윤리 문제들에 대해 할 말이 많다고 느끼기 시작했다.

이 즈음에 '인간 뇌의 치료나 향상에 대한 옳고 그름을 논하는 철학 분야'를 기술하기 위해 '신경윤리neuroethics'라는 용어가 윌리엄 사피어에 의해서 만들어졌다.[1] 이런 의미에서 신경윤리는 생명윤리의 속편이라 할 수 있다. 과학이 더 발전하면서, 그리고 유전공학, 생식학, 뇌사에 대한 정의의 타당성을 검토하기 위해 보다 전문화된 철학자들이 더 필요해지면서, 의료윤리를 발전시키기 위한 일환으로 생명윤리 분야가 발전되고 정의되었다.

물론 생명윤리 관련 주제들 중 다수는 신경윤리라는 렌즈를 통해 볼 수 있다. 신경윤리를 보는 하나의 방식은 다음과 같다. 어떤 생명윤리 관련 주제는 뇌나 중앙 신경체계와 관련되면, 신경윤리는 항상 무언가 할 말이 있다는 것이다.

그러나 신경윤리는 뇌와 관련하여 단순한 생명윤리 그 이상이다. 이 분야가 발전하면서 우리는 그 영역과 임무를 확장시킬 필요가 생겼다. 지금까지의 많은 신경윤리 관련 논의가 신경과학자들 사이에서 벌어졌고, 이제 신경과학자들이 본격적으로 논쟁에 뛰어들 때가 왔다. 나는 신경윤리를 우리가 질병, 정상성, 죽음, 삶의 방식과 같은 사회적 문제들을 다루고자 하는 방식에 관한 고찰이자 기초적인 뇌 메커니즘에 대한 이해를 통해 특징지어진 삶의 철학이라고 정의한다. 신경윤리는 의학 치료의 자원을 제공하는 분야가 아니라 넓은 사회적·생물학적 맥락에서 개인적 책임의 위치를 설정하는 분야이다. 이는 뇌에 기반한 삶의 철학을 발견하려는 노력이고, 그렇게 되어야 한다.

윤리학과 신경과학의 관계

내가 이 책을 쓰기 시작했을 때 발견한 신경과학과 윤리학에 관한 흥미로운 점은 신경과학과 윤리학이 항상 어울리는 건 아니라는 것이다. 나는 어떻게 뇌가 작동하는지에 대해 증명 가능하고, 재생산 가능하고, 논박 불가능한 진리를 찾으면서 실험실에서 일생을 보냈다. 다른 사람들이나 내가 발견한 것들 중 다수는 나의 세계관에 영향을 주었다. 나는 신경과학과 관련한 딱딱한 사실들이 많은 윤리적 문제들에 영향을 줄 수 있고 그래야 한다고 믿기 때문에 이 책을 쓰기 시작했다. 대통령 생명윤리위원회의 일원으로서, 나는 과학적 발견이 '비윤리적인' 행위들을 만들어 낼 것이라고 생각할 때 느껴지는(과학에 대한) 공포가 과학을 더 나은 연구로 이끌기보다는 방해할 수 있다는 사실을 보아 왔다. 그런 공포는 노화 연구자들의 연구 목표가 영생이라거나, 줄기세포 연구자들이 잠재적 인간을 파괴한다거나, 착상전 유전학은 히틀러식 우생학의 부활일지 모른다는 우려를 포함한다.

나는 이 우려를 불식시키기를 바랐고, 신경과학적 지식을 검토함으로써 어떤 윤리적 선택은 정당하다는 것을 "증명"할 수 있을 것이라고 믿었다.

사실, 과학자인 나는 이것이 항상 그렇지는 않다는 것을 안다. 과학은 우리에게 많은 것을 알려주는 반면, 신경과학이 하나의 방식을 설명하면 나 자신은 종종 불합리하게도 다른 방식으로 기우는 것을 발견할 때가 있다. 노화와 안락사에 대한 연구를 예로 들어 보자. 안락사가 치매로 인해 심적 인지 능력을 잃고 의식적 삶을 영위하지 못하는 이들에 대한 논리적이고 과학적인 해결책인 것 같지만, 나는 이 생각을 받아들일 수 없다. 이것이 나와 줄기세포 연구를 반대하는 내 동료들이 다르게 느끼는 방식인가? 신경과학의 어디에서 엄밀한 사실들이 끝나고 비로소 윤리학이 시작되는가? 이 두 분야를 가로지르는 부분이 바로 이 책의 주제이다. 내 독자이기도 한 편집자는 신경윤리학적 문제들에 내가 어떤 확고한 대답을 주리라고 기대했을 수도 있지만, 항상 그렇게 할 수는 없을 것이다. 내가 하고자 하는 것은 알려진 것들을 정의하고, 그 함의를 탐구하고, 과학적 경험에 기반한 내 지식을 알리는 것이다. 그러나 나는 나에게 합리적 과학 지식과는 별도로 존재하는 윤리적 감각이 있다는 것을 안다. 내가 바라는 건 과학적 지식과 윤리적 감각 이 두 가지가 어디서 나뉘는지를 탐색하고, 궁극적으로 우리들 내부에 있을 수 있는 본질적인 윤리가 무엇인지를 검토하는 것이다. 보편윤리라는 것이 있을 수 있을까?

변화가 필요하다

내가 가장 하고 싶은 것들 중 하나는 신경윤리학 논의에서의 "미끄러운 경사길slippery slope"(철학이나 수사학에서의 고전적인 비형식적 오류로, 미끄러운 경사 끝에 놓인 물체가 손가락 하나만 건드려도 아래로 떨어지듯이 사소해 보이는 한 단계의 논의가 엄청나게 큰 영향을 미치는 논변을 일컫는다—옮긴이)을 제거하는 것이다. 이것은 위원회에서 나온 다양한 보고서들이 주로 사용하는 논의 방법이었다. 이러한 요소들이 만들어 내는 극단적인 상황들을 논의할 때 윤리학자들은 만약 우리가 과학자들에게 1인치를 준다면 그들은 1마일이 걸릴 것이라고 하면서 두렵게 만든다. 진리는 이 논변들 대부분이 과학적 허구라는 것이다. 인간침팬지Humanzee 같은 것, 즉 과학자가 현대의 유전자 조작술을 사용해서 인간과 침팬지를 조합할 것이라는 공포 말이다. 사람들은 인간침팬지라는 것이 가능한 건 아닌지, 그리고 쥐 안에서 인간의 줄기세포—파킨슨 병, 알츠하이머 그리고 다른 병을 치료할 수도 있는 연구인—를 키우게 과학자들을 내버려 두어야 하는지 두려워한다.

생물학과 신경학의 어떤 점이 그렇게 두려운가? 변화가 두려운가? 화장실이 만들어진 것은 고작 300년 전이다. 변화는 좋은 것일 수 있다. 그렇다면, 알려지지 않은 그 무언가가 두려운가? 우리는 화성인을 상상할 수 있지만 그렇다고 해서 화성에 착륙하면 안 된다고 윤리학자들이 주장하지는 않는다. 새로운 과학기술이 나쁘게 사용될 것이 두려운가? 우리는 핵폭탄이 어떤 일을 하는지 알면서도 계속해서 만든다. 실험실에서 사용되는 긍정적인 측면들은 아주 적은 수의 부정적인 사용 가능성들보다 더 중요하다. 비록 실험실이 현대 소설 《브라질로부터 온 소년》(1976년에 발간된 아이라 레빈의 소설로, 인간 무성생식을 통해 제2의 히틀러, 즉 복제인간을 만들기 위한 남미 나치 잔당 조직의 음모에 맞선 유태인 과학자의 활약을 그린 스릴러 작품이다. 1978년에 동명의 영화로도 제작되었다―옮긴이)에 나오는 복제 프로젝트에 넘겨진다고 해도 우리 사회는 그런 극단적인 것들을 허용하지 않을 만큼 도덕적이기 때문에 충격이 크지는 않을 것이다. 역사가 흐름에 따라 이렇게 부정적으로 사용할 가능성이 발생할 수도 있겠지만, 우리는 그것들을 제거해야 한다―그것들이 극단적인 독재자든, 극단적인 약물이든 간에 말이다. 선善을 방해하는 극단적인 것에 대한 두려움을 허용하는 건 도덕적, 정치적 혹은 사회적 의미가 없다.

나는 과학이 특정한 두려움―과학이 어떤 비정상적인 것을 만든다는 두려움이 아니라 우리가 우리 존재를 생각하는 방식에 일으키는 도식적 변화에 대한 두려움―을 유발한다고 믿는다. 신경윤리가 하는 일은 뇌가 작동하는 방식에 대한 지식을 활용해서, 인간이 된다는 것이 어떤 것인지, 우리가 사회적으로 어떻게 상호 작용할 수 있고 또 해야 하는지를 더 잘 정의할 수 있도록 돕는 것이다.

나에게 있어, 신경과학이 주는 중요한 교훈은 뇌는 어떤 믿음을 원한다는 것이다. 우리는 믿음을 형성하도록 만들어져 있다. 또 우리는 동료, 연장자, 사회, 종교로부터 배운 것들과 같은 문화적 영향이나 환경을 토대로 믿음을 형성한다. 그러나 예컨대 여성 할례 같은 믿음들에 대해서는 우리는 주저하지 않고 '잘못된 것'으로 판단한다. 이 관습을 근절시키는 것이 서구 문명의 대의명분으로 여겨져 왔다. 교육받은 이들은 그것에 어떤 정당성도 부여할 수 없으므로 아프리카에 가서 그것에 반대하여 싸웠다. 내가 뇌과학을 다루면서 이야기하고 싶은 것은, 어떤 믿음이 만들어질 당시에는 이해가 되었다 하더라도, 과학이 우리에게 뇌가 어떻게 작동하는지에 관해 꽤 많은 것을 알려주는 지금 그러한 믿음을 기꺼이 변화시키고자 한다는 것이다.

예를 들어, 우리는 좌뇌의 어떤 시스템에서 우리 자신의 행동, 느낌, 그리고 행위의 의미와 다른 이들이 받는 느낌의 의미나 패턴을 이해한다는 것을 안다. 현재의 실재에 대한 믿음을 만들어 내는 뇌 시스템의 움직임의 특성은 그것이 얻는 정보의 질과 정확성에 전적으로 의존한다. 세계의 본성에 대한 지식이 더 축적되고, 더 완전해지고, 더 좋아질수록 세계에 대한 우리의 관념이나 믿음 또한 더 축적되고, 더 완전해지고, 더 좋아질 것이다.

가장 변화시키기 어려운 믿음은 종교적 믿음이다. 깊게 뿌리박힌 종교적 믿음을 포기하는 것은 어떤 도덕적 지도 원리나 의미도 없는 세계가 될 것이라는 두려움을 불러일으킨다. 이것은 끔찍하다. 그래도 현대 신경과학은 이런 일이 일어나지 않는다는 걸 우리에게 확신시켜 줄 것이라고 나는 생각한다. 종교적 믿음들은, 인간의 고유한 도덕적 추론 능력으로 실재를 설명하려 하는 과정에서 역사의 다양한 시기들에 생겨난 이야기들로부터 만들어졌다는 것이 가장 그럴싸하다. 요약하면, 도덕적 딜레마에 대한 보편적인 생물학적 반응들, 즉 우리 뇌 안에 각인된 윤리학이 있을 수 있다고 나는 생각한다. 나의 바람은 우리가 곧 그런 윤리를 드러내고, 확인하고 그것에 의해 더 완전하게 삶을 꾸려 나갈 수 있다는 것이다. 우리는 무의식적으로는 대략 그것들에 의존해 살지만, 만약 우리가 더 의식적으로 그런 윤리를 이용하여 산다면 많은 고통이나 전쟁, 그리고 갈등이 제거될 수 있을 것이다. 우리가 우리 자신을 다르게 생각할 수 있다는 것은 끔찍한 일이다. 하지만 어떤 것이 받아들일 수 있는 행동이고, 어떤 것이 받아들일 수 없는 행동인지에 대한 우리의 개념을 바꾸는 것이 인간침팬지에 대해 고민하는 것보다 더욱 두려운 일일까?

이 책은 이제 막 생겨난 분야에 관해 탐구하는 책이다. 내가 모든 해결책들을 제시해 줄 수는 없겠지만, 신경과학이 사회와 일상에 대해 우리가 할 수 있고 또 해야 하는 역할에 대한 더 깊은 이해를 돕는 논의를 제공하고, 이로부터 또 다른 논의들이 생겨나기를 희망한다.

1

생명과 신경윤리학

의식은 '인간임의 조건'을 설명하는 중요한 키워드이다.
그렇다면 의식이 발달하지 않은 태아나
의식을 상실한 치매 환자는 어떻게 보아야 할까?

제1장

배아의
도덕적 지위

우리 시대의 생명윤리와 관련된 많은 문제들 중 중심적인 질문은 "배아의 어느 시점에 도덕적 지위를 부여해야 하는가?"이다. 배아나 태아fetus를 어느 시점에 이르렀을 때부터 우리와 같은 인간이라고 할 수 있는가? 수정된 난자는 곧 분할되어 태아로 자라 마침내 아기가 될 실체의 출발점이다. 수정된 난자가 한 개인의 생명이 시작되는 시점이라는 것은 분명한 사실이다. 그러나 이것이 생명의 시작점이 아닐 수도 있는데, 왜냐하면 난자나 정자 모두 결합되기 전에 이미 마치 살아 있는 식물이나 동물처럼 생명력을 보여 주기 때문이다. 그래도 신생아나 성인에게 부여하는 것과 동일한 도덕적 지위를 인간 배아에 부여하는 것이 옳은가? 생명윤리학자들은 계속 이 문제와 씨름한다. 어느 시점에 도덕적 지위를 부여해야 하는지를 결정하는 것은 임신중절이나 시험관 수정, 생의학적 복제, 그리고 줄기세포 연구에 영향을 줄 만큼 광범위한 문제를 함축하고 있다. 이러한 논의는 합리적으로 해결될 것이다.

이러한 문제는 신경윤리가 어떻게 기존의 생명윤리 영역을 넘어서는지를 보여 준다. 윤리적 딜레마가 신경체계를 직접적으로든 간접적으로든 언급해야 할 때, 신경과학 분야에서 훈련받은 사람들은 할 말이 있다. 즉 그들은 일반인들이 모르는 부분을 엿볼 수도 있고, 실제 생물학적 상태가 어떤 것인지를 이해하도록 도울 수도 있다. 뇌는 존재하는가? 그것은 어떤 의미 있는 방식으로 기능하는가?

신경과학자들은 우리를 독자적 인간으로 만드는 기관, 즉 인간의 의식적 삶을 가능케 하는 뇌를 연구한다. 그들은 뇌의 어떤 영역이 정신적 기능을 수행하고 수행하지 않는지를 계속 탐구한다. 그래서 신경윤리학자들은 정신적 삶을 지탱하는 생물학적 물질을 기반으로 태아나 배아의 도덕적 지위를 결정하는 것처럼 보일 수도 있다. 다시 말하면, 배아가 정신 활동을 지탱하는 수준의 뇌를 가지는지의 여부가 기준이 되는 것이다. 현대의 뇌과학은 이 질문에 답하도록 준비되어 있고, 신경생물학도 명료하게 이해되는데, 반면 합리적이고 과학적인 사실에 근거해서 도덕적이고 윤리적인 문제들을 설명하려는 신경윤리학의 작업은 쉽지 않다.

의식은 언제 생겨나는가

배아는 정자와 난자가 만나는 즉시 끊임없이 분할하고 분화하는 임무에 착수한다. 배아는 두 세포들을 융합하는 것으로 시작해서 마침내 인간 유기체를 구성하는 약 50조 개의 세포들로 구성된다.[1] 허비할 시간 따위 없다—몇 시간만 지나면 배아는 세 영역으로 구별된다. 이 영역들은 내배엽endoderm, 중배엽mesoderm, 그리고 외배엽ectoderm인데, 초기에 형성된 이 세 영역의 세포들은 인간 몸의 기관들과 구성 요소들이 된다. 외배엽은 신경체계가 된다.

배아는 계속해서 몇 주간 성장하는데, 신경 튜브neural tubes라 불리는 배아의 토대 부분은 뉴런과 여러 중추신경계 세포들을 생기게 한다. 반면 신경 능선neural crest이라 불리는 부분은 말초신경계 세포들(뇌와 척수 밖의 신경)이 된다. 신경관의 구멍은 뇌의 공동과 척수의 중앙 도관을 생기게 하고, 넷째 주 이전에 신경관은 뇌의 주요 구획들인 전뇌, 중뇌, 후뇌가 될 부분에 대응하는 세 돌출 지점들을 발달시킨다.

뇌의 특정 구역이 될 영역들은 계속 발달하지만 다섯째 주말이나 여섯째 주초까지(보통 40일에서 53일)는 전기적 뇌 활동이 시작되지 않는다. 설령 뇌의 전기 활동이 처음 시작된다고 해도 인간의 의식을 가능하게 할 정도로 정합적인 것은 아니며, 심지어 새우의 신경체계에서 볼 수 있는 활동조차도 아니다. 의학적인 뇌사 환자에게도 신경 활동이 있듯이, 초기의 신경 활동은 조직화되지 않은 원시적인 신경 발화들로 이루어진다.

대뇌는 8주에서 10주 사이에 본격적으로 발달하기 시작한다. 뉴런들은 증식하고 뇌의 이곳저곳으로 확산된다. 첫 번째 간반구적 연결이라고 할 수 있는 전연합anterior commissure 또한 발달한다. 이 시기에 반사작용이 처음 나타난다.

　뇌의 이마극frontal pole과 측두엽극temporal pole은 12주에서 16주 사이에 뚜렷이 나타나고 전두엽극(신피질이 될)은 나머지 피질들과는 대조적으로 빠르게 자란다. 피질 표면은 3개월(12주)째를 지나면서 평평해진 것처럼 보이나, 4개월(16주) 끝무렵에는 뇌구sulci가 나타나고 나중에 대뇌의 주름들로 발달된다. 뇌의 여러 엽들 또한 분명해지며 뉴런들은 계속 증식하고 피질을 가로질러 퍼진다. 13주 정도가 되면 태아가 움직이기 시작한다. 이때쯤 두 반구 사이의 의사소통을 담당하는 거대한 섬유 집합(뉴런의 축색돌기)인 뇌량이 뇌의 두 반구들 사이의 정보를 교환하는 기반 구조를 형성하면서 발달하기 시작한다. 이 시점에서 태아는 감각이 생기는데, 아직은 자기 감각self-aware을 가지는 유기체라기보다는 의도적 방식으로 반응하지 않는 직접적인 감각-자동적sensory-motor 반사 반응을 하는 해삼 같은 것과 더 유사하다. 성숙한 뇌의 기초 구조가 생겼다고 해서 성숙한 뇌를 가지게 되는 건 아니다. 이 둘은 아주 다른 것이다.

　시냅스—신경체계의 기초 재료인 뉴런들이 상호 작용하기 위해 만나는 지점—는 개별 뉴런들 간의 의사소통을 가능하게 하는 것으로, 17주 째부터 많은 수가 생겨난다. 시냅스 활동은 두뇌 기능의 기초로, 임신 후 200일(28주)경까지는 급성장하지 않는다. 그럼에도 불구하고, 태아는 23주경에는 의학적 보조 장치의 도움을 받아 자궁 밖에서 생존할 수 있다. 또, 이 시기에 태아는 유해한 자극에 반응할 수 있다.[2] 주요 시냅스의 성장은 출생 후 서너 달까지 계속된다. 뇌구는 피질이 더 큰 면적을 만들어 내고 성장하는 뉴런과 이를 지지해 주는 아교세포glial cell를 수용하기 위해 접이를 시작하면서 계속 발달한다. 이 시기 동안 뉴런들은 미엘린화(전기적 정보전달을 진척시키는 차단 과정)하기 시작한다. 32주쯤에는 태아의 뇌가 호흡이나 신체 온도를 조절한다.

출생시 아이의 뇌는 전반적으로 어른의 뇌와 흡사하지만 발달은 계속된다. 피질은 수년 동안 계속 복잡하게 증가하고 시냅스는 평생 동안 만들어진다.

14일 된 세포 덩어리

앞서 본 것은 태아의 뇌 발달의 특성들에 대한 대략의 신경생물학적 설명이다. 배아 단계는 수정된 난자가 뇌가 없는 세포 덩어리라는 것을 보여 준다. 14일 이후가 되어야 배아에 신경체계가 만들어지기 시작한다. 지속적이고 복잡한 신경체계도 약 여섯 달가량의 성장 과정이 지나야 자리를 잡는다.

인간의 뇌는 23주까지는 생명력이 없고 현대 의학기술의 도움을 받아야만 살 수 있다는 것이 분명한데도, 이 사실은 논의에 아무런 영향도 미치지 않는 것 같다. 이것이 바로 신경 '논리'가 실패하는 부분이다. 도덕적 논변이 생물학적 내용과 섞이면 열정, 믿음, 그리고 완강하고 비논리적인 견해들이 구분되지 않게 된다. 특정 문제들을 검토하면서 나 자신은 태아에 언제부터 도덕적 지위를 부여해야 하는지에 대해 다른 생각들을 하게 되었다. 예컨대, 생의학적 연구에서 배아를 사용하는 것에 대해, 연구자들이 사용하는 14일이라는 제한은 완전히 수용 가능한 관례가 되었다. 하지만 태아를 '우리 인간들 중 하나'로 판단하고 인간의 도덕적, 법적 권리를 허락하는 문제에 있어서는, 생명이 지탱 가능하고 신생아실에서 제공하는 약간의 보조로 생존할 수 있고, 정상적 뇌를 가지는 생각하는 인간으로 발달할 수 있는 시기는 14일보다는 훨씬 뒤인 23주는 되어야 한다. 이 시기는 태아가 임신중절로부터 보호받도록 대법원이 규정한 시기이다.

나 또한 자식을 둔 아버지이기에 카네기 발생기의 배아 단계들을 인간으로 생각하는 것에 동감할 수 있다. 약 8주 때인 23단계(카네기 발생기는 23단계로 구성된다―옮긴이)에 속하는 배아는 그 모양이 이미 하나의 작은 인간처럼 보인다. 하지만 이 단계까지는 돼지 배아와 인간 배아 간의 차이를 구별하기 어렵다. 하지만 그다음에 인간 머리의 초기 모양이 생겨나면―빙고!―확실히 인간처럼 보인다. 다시 말하면, 이것은 배아가 8주가량 되었을 때로, 3분기 중 첫 분기의 3분의 2 이상이 지났을 때이다. 그렇게 내 감흥도 반응한다. 그런데, 이것은 신경과학적 지식으로 보면 무의미하다고 쉽게 주장할 수도 있다. 카네기 발생기 23단계의 뇌는 대략 15일째부터 천천히 발달해 온 것으로, 진지한 정신적 생활을 수행할 수 있는 뇌라고 할 수 없다. 만약 어떤 성인의 뇌가 광범위하게 손상되어서 이 발달 단계로 후퇴한다면, 그 환자는 뇌사 상태가 되고 장기 기증 후보자로 간주될 것이다. 우리 사회는 부적절하게 기능하는 뇌에 더 이상 도덕적 지위를 부여받을 가치가 없는 지점을 정의해 왔다. 만약 뇌사의 필요조건을 살펴보고 그 조건들을 발달 단계들과 비교한다면, 3분기 중 마지막 분기 혹은 아마도 둘째 분기의 뇌가 그런 지점일 것이다. 신경과학적 지식이 이 단계에서의 뇌가 아직 인생의 황금기를 맞을 준비가 되지 않았다는 걸 분명히 보여 주는데, 왜 카네기 23단계에서 선을 긋겠는가?

신경윤리 논의를 할 때 나는 '직관적 반응gut reaction'을 피할 수는 없다. 물론 이것은 나의 직관적 반응일 뿐 다른 사람들은 전혀 가지지 않을 수도 있다. 그러나 이 반응을 확인할 때 이 결정들이 얼마나 어려운지를 생각할 수 있다. 크기가 딱 이 점(·)만 한 14일 된 배반포胚盤胞(수정란이 일정한 세포 분열을 끝내고 속이 빈 단계의 배胚—옮긴이)에 대해 어떤 직관을 가지기는 힘들겠지만, 수정된 난자들은 존중받을 만하다고 주장하는 사람들의 믿음 체계에는 자극이 될 수 있다. 14일된 세포덩어리와 아직 미성숙한 아기 모두에 동등한 도덕적 지위를 부여하는 것은 개념적으로 억지스럽다고 나는 계속 주장할 것이다. 그 둘을 같다고 하는 것은 순전히 개인적 믿음일 뿐이다.

연속성 논변과 잠재성 논변

유기체가 초창기에 형성된 후에는 어떤 선을 그을 분명한 지점이 없고, 따라서 발생기의 인간에 부여되는 도덕적 지위와 더 성숙한 인간들에 부여되는 도덕적 지위 사이에 분명한 구분이 있을 수 없다.

미국 대통령 생명윤리위원회, 〈줄기세포 연구 검토 보고서〉, 2004년

생명은 수정체가 착상하는 순간부터 시작한다는 견해가 있다. 연속성 논변은 수정된 난자가 계속 발달하면 인간이 되므로 인간으로서의 권리가 있다는 주장인데, 수정된 난자가 생명의 시작이기 때문이라는 근거를 댄다. 이 주장은 만약 발달 단계의 후속 사건들을 구분하지 않는다면 논의하기 어렵다. 당신은 이것을 믿거나 믿지 않을 것이다. 인간 생명의 존엄성에 가치를 두는 사람이라면 연속성 논변을 옹호해야 한다고 말하겠지만, 사실은 그렇지 않다. 가톨릭 교회, 미국 종교계, 그리고 심지어 많은 무신론자들과 불가지론자들이 이 연속성 논변을 옹호한다. 반면, 유대교, 무슬림, 힌두교, 많은 기독교도들, 그리고 일부 무신론자들과 불가지론자들은 그렇게 믿지 않는다. 어떤 유대교인들이나 무슬림들은 배아 발달 14일 후부터 '인간'의 도덕적 지위를 부여할 수 있다고 믿는다. 많은 가톨릭 교도들도 똑같이 믿으며, 교회사를 그들 나름대로 해석해서 나에게 편지를 보내 온다.

뇌사 문제를 검토할 때는 뇌사가 생명이 끝남을 의미한다는 점 외의 다른 측면들도 고려해야 한다. 다른 측면이란 우리의 뇌가 믿음을 형성한다는 점이다. 합리적, 과학적 사실이라는 공통집합으로부터 어떻게 상이한 도덕적 판단들이 나오는지를 검토한다면 가지각색의 결론을 내리는 데 어떤 점이 영향을 미치는지, 처음에 고려되었던 임의적 맥락으로부터 어떤 신경윤리학적 문제들을 뽑아낼 수 있는지를 알 수 있다.

상이한 문화들은 뇌사를 다르게 본다. 의학적으로 뇌사는 환자가 뇌 손상─예를 들어 뇌졸중─으로 돌이킬 수 없는 혼수상태에 빠져 뇌줄기brain stem에 반응이 없고 평평한 뇌파(즉 뇌파 기록상 뇌 활동 신호가 전혀 없을 때)를 보이거나 독자적인 호흡 능력이 없을 때를 가리킨다. 2000년《신경학Neurology》에 게재된 한 연구는 뇌사를 공표하면서 세계 표준들과 규정들을 비교했다.[3] 뇌사 개념은 전 세계적으로 받아들여진다. 심지어 가장 종교적인 사회에서도 뇌가 다시 기능할 수 없을 때도 인간 생명이 계속 존재한다고 주장하지는 않는다. 그러나 뇌사를 결정하는 절차에 있어서는 의견차가 있다. 이 차이는 생명윤리적 관행들과 법이 과학과는 무관한 정치, 종교, 혹은 상이한 개인적 신념들의 영향을 받아서 어떻게 그렇게 큰 차이를 만들어 내는지를 여실히 보여 준다. 예를 들면, 홍콩은 영국의 지배를 받을 때 만들어진 뇌사에 대한 잘 정의된 기준을 가지고 있는 반면 중국은 어떤 기준도 가지고 있지 않다. 그루지야 공화국은 5년의 신경과학 실습 경험이 있는 의사가 뇌사를 결정하도록 한다. 러시아는 그렇지 않다. 이란은 세 명의 의사들이 12시간, 24시간, 그리고 36시간째에 걸쳐 여러 차례 관찰하도록 한다. 그리고 미국에서는 뉴욕과 뉴저지를 포함한 여러 주들이 '죽음에 대한 단일정의안Uniform Definition of Death Act'을 채택하였지만, 그 두 주들은 법을 피해서 종교적으로 빠져나갈 구멍이 있다는 허점을 가진다.

뇌사의 예는 과학적 사실과 무관한 믿음들이 어떻게 생명윤리학적 문제들과 관련된 규칙이나 규정들을 만들고 영향을 줄 수 있는지를 보여 준다. 생명이 끝날 때 뇌 기능도 함께 끝난다고 한계를 긋는 것에 대해서는 아무도 반박하지 않는다. 그 한계선이 언제인가에 대한 견해차도 없다. 대부분의 나라들은 뇌사에 관해 유사한 정의를 가지고 있다. 차이점은 뇌사에 도달했다는 것을 어떻게 알수 있는지에 대해 누가 그 차이를 이야기하며 어떤 시험 수단을 사용하는가이다.

배아나 태아에 도덕적 지위가 부여되는 지점이 있다는 데는 모두 동의하는 것 같다. 그러나 그런 사실들과 상관없이 그 지점을 정의하는 것은 더 힘들다.

왜? 버트런드 러셀 경이 말했듯 "시간의 어떤 순간에는 아무것도 존재하지 않"기 때문이다. 다른 말로 하면, 모든 것은 원자들과 분자들의 상호 작용의 산물이고 역동적 과정이기 때문이다. 이런 생각은 잠재성 논변과 관련된다. 잠재성 논변이란 배아나 태아는 장차 어른이 될 수 있으므로 태어난 후의 인간과 동등한 도덕적 지위를 부여해야 한다는 주장이다.

부시 대통령의 생명윤리위원회에서 줄기세포 연구에 대한 논의를 하는 중 나는 줄기세포 연구로부터 만들어진 배아를 홈디포Home Depot(온갖 인테리어 자재나 도구를 파는 미국 전역에 퍼져 있는 큰 규모의 체인점—옮긴이)에 비유했다. 당신은 집을 만들고 꾸미기 위해 건축가, 목수, 전기공, 그리고 배관공들이 사용하는 자재들을 홈 디포에서 보고 장래의 집을 상상한다. 이와 마찬가지로, 난자와 정자는 아직 인간이 아니다. 수정된 배아도 아직 인간이 아니다. 수정된 배아는 자궁 안에서 최소한 여섯 달 동안 발달하고, 성장하고, 뉴런이 형성되고, 인간이 되기 위한 세포 복제가 필요하다. 자연적으로 창조된 배아나 체외 수정in vitro fertilization(IVF)된 것에 부여할 수 있는 것과 동일한 지위를 생명윤리 연구를 위해 만들어진 배아에 부여하는 것은 명백히 터무니없는 것이다. 홈디포 상점이 불탔을 때, 신문 기사의 표제는 "주택들에 화재가 발생했다"가 아니라 "홈디포에 화재가 발생했다"이다.

자연적인 재생산 과정에 대한 설득력 있는 논변들은 배아가 착상될 때 어떤 마술적인 것이 발생하지 않는다는 점을 유의해야 한다. 일반적으로, 첫 번째 14일 안에 변화가 일어나고 한 사람은 두 사람이 된다. 심지어 더 이상한 것들이 만들어진다. 한 쌍을 형성하기 위해 갈라진 한 난자가 다시 한 난자로 융합될 때이다. 그런 상황에서, 착상의 순간에 형성되는 것으로 여겨지는 '개인'이나 '영혼'의 독자성에 어떤 의미를 부여하기란 어렵다.

의도 논변

줄기세포 윤리에 대한 논의는 인간의 고통을 줄이고, 자유로운 연구를 수행하고, 인간 배아를 보호하는 것의 상대적 중요성을 평가하는 논의들을 포함한다. 그 논리와 생각은 복잡하고 혼란스러울 때도 있다. 예를 들어 보자. 내 생각에 배아와 줄기세포 연구 사이에는 어떤 갈등도 없고, 그 둘의 가치를 저울질하는 것도 없다. 나는 14일된 배아에 도덕적 지위를 부여하지 않는다. 만약 도덕적 지위를 부여했다면 가치 평가가 시작되었을 것이고, 도덕적 판단도하게 될 것이다. 이렇게 되면 우리는 철학자들이나 윤리학자들이 제기하는 잘 알려진 딜레마에 놓이게 된다. 자연스레 제기되는 문제는 다음이다. 만약 더 많은 생명들이 구제된다면 한 생명을 희생하는 것이 도덕적으로 선한가? 게슈타포를 피해 숨어 있던 다섯 아이의 어머니가 온 가족이 총살당하지 않으려고 우는 아기를 질식사시킬 도덕적 의무나 권리를 가지는가?

줄기세포 연구에 관한 현 정책은 생명을 구하는 연구의 잠재적 가치에 견주어(생물학적 연구를 위해 만들어지는 배아의 생의학적 복제의 경우에 있어) 인간 생명의 잠재적 가치를 평가하려는 시도에 기반을 둔다. 이 두 개의 가치를 함께 고려하는 것은 방향이 잘못 설정된 것이다. 생의학적 연구를 위해 만들어진 배아뿐 아니라 여분의 체외수정(IVF) 배아들을 연구할 때 14일에 줄기세포를 모을 필요가 있다는 것은 배아의 도덕적 지위에 대한 문제를 제기한다. 배아나 줄기세포의 사례들은 또 다른 윤리적 요소인 '의도'의 문제도 제기한다.

두 종류의 배아가 생의학 연구를 위해 사용된다. 하나는 체외수정으로부터 나온 여분의 배아들이고, 다른 하나는 '체세포핵전이 somatic cell nuclear transfer(SCNT)'에 의해 만들어진 배아이다. 체세포핵전이는 한 여성으로부터 분리된 난자의 DNA가 제거되고 이 핵이 제거된 난자 세포에 또 다른 개인의 체세포 핵을 옮겨서 자라나도록 하는 것이다. 대한민국의 과학자들은 이것이 인간에게서 가능하다는 것을 보여 주었다. 그들은 그 세포를 14일까지 발달하게끔 놓아 둔 뒤 이것으로부터 줄기세포를 수확해 냈다. 만약 그 세포가 한 여성의 자궁 안에 재이식되었더라면 완전한 모양이 갖추어진 아기로 성장할 수도 있었을 것이다. 이 과정은 복제 양 돌리를 만들어 내기 위해 사용되었다.

체세포 핵전이를 사용하는 생의학 연구에서는 줄기세포를 수확하려는 목적으로 세균배양용 페트리 접시에서 복제된 배아가 만들어지고, 최근의 연구가 성공적이라면 궁극적으로는 파킨슨 같은 병들의 치료에도 사용될 수 있을 것이다. 이런 연구에는 애초에 인간을 창조하려는 의도가 전혀 없다. 이 세포 덩어리는 인간의 보호를 받을 가치가 있는가? 줄기세포 연구는 14일이라는 한계선을 고수하는데, 그전에는 생명이 없다고 여기기 때문이다. 배아는 인간 존엄성이란 개념을 만들어 내고, 유지하고, 변경하기 위해 세계를 지탱하고 해석하는 생물학적 구조인 신경체계를 14일까지는 발달시키지 않는다.

의도 논변은 체외수정으로부터 만들어진 여분의 배아들에도 적용될 수 있다. 인공 수정을 시도하는 부모들은 많은 배아들을 만들어 이식될 때 생육 가능한 배아를 다수 확보한다. 만들어진 배아가 한 아이가 되는 건 부모의 의도가 아니다. 자연적인 성적 교섭 이후, 난자와 정자의 결합을 통해 생성된 배아들 중 추정컨대 60퍼센트에서 80퍼센트는—그중 다수가 우리가 모르는 채로—자발적으로 퇴화한다. 만약 우리가 체세포 핵전이를 통해 배아를 만들어 내고 그중 선택된 소수를 이식한다면 자연이 해왔던 것을 우리가 하는 것일 뿐인지도 모른다. 가장 강한 배아들을 선택하는 자연의 테크닉을 현대의 과학적 테크닉으로 대체한 것뿐이다.

자궁 밖 배아들은 인간의 도덕적 지위를 가질 수 있는가? 자궁 밖 배아들은 이식된 배아들과 같은 것으로 여겨질 수 있는가? 아니라고 생각한다. 아기를 만들거나 만들지 않겠다는 부모나 기증자의 의도는 잠재성 논변에서 모종의 역할을 한다. 만약 우리가 인간을 만들려는 의도가 아니라 연구 목적으로 세포를 만들었다면, 혹은 만약 어떤 부모가 배아를 만들어서 '가지고' 갈 수 있다면, 다른 배아들이 인간으로 자라난다는 사실에 대해 우리는 도덕적 책임이 있는가? 물론 아니다.

의도는 우리가 본질적으로 이해한다고 생각하는 흥미로운 윤리적 개념이다. 의도는 모든 곳에 존재하며, 무모함과 태만함의 경우를 제외하고는 우리의 법체계에서 유죄를 특징짓는 표지자이다. 의도에 기반하여 범죄가 평가되고, 죄가 결정되고 벌이 구형된다. 살의가 없는 살인자나 3급, 2급, 1급 살인범의 죗값은 살인자의 의도의 수준에 따라 결정된다. 또 경범죄인지 중죄인지의 여부를 결정하는 데에도 적용된다.

윤리를 이끄는 원리처럼 보이는 의도는 우리 뇌에 고정되어 있는가? '마음 이론theory of mind'에 대한 연구는 그렇다는 것을 보여준다. 사실, 의도는 인간 종을 규정하는 특징들 중 하나일 수 있다. 인간이 된다는 것의 중요한 부분은 타인의 의도에 대한 설명을 제공하는 이론을 나 자신과의 관계에서 구축하는 것이다. 만약 내가 당신과 어떻게 관련되고, 당신이 나와 어떻게 관련되는지에 대한 이론을 가지게 된다면, 나와 당신의 서로를 향한 의도가 어떤 것인지에 대한 설명이 그 이론의 큰 부분을 차지한다.

의도 논변을 이해하는 하나의 방법은 우리의 뇌가 의도를 형성하도록 만들어져 있다는 것을 아는 것이다. 줄기세포 연구와 관련하여 우연히 의도 논변의 논리에 동의할 수는 있겠지만, 의도 논변은 처음부터 무의미하다. 신경과학에 관해 생각할 때, 우리는 개인적 믿음, 즉 '마음 이론'을 형성하도록 만들어져 있다는 것을 이해하는 것이 중요하다. 다른 사람, 사물 혹은 동물에 대한 의도는 개인적 믿음의 상태이다. 그 사람이나 사물, 혹은 동물은 그에 대한 믿음과는 구분되는 별도의 대상이다. 세포들의 덩어리는 만약 내가 그것을 발달시킬 의도를 가지지 않으면 다른 특성을 지니게 되는가? 여성의 자궁에 세포 덩어리들을 재이식해서 발달시키려고 의도하면, 그 세포 덩어리는 다른 특성을 지니게 되는가? 나는 그렇지 않다고 생각한다. 내 개인적 의도가 무엇이든 그것은 동일한 세포 덩어리이다. 그 세포들은 나의 관점이나 의도가 아니라 그 자체로 평가되어야 한다. 궁극적으로, 이것이 바로 세포 덩어리가 인간이 아닌 이유이고, 우리의 개인적 믿음들과 생각들을 일단 접어 두어야 하는 이유이다. 당신의 부모는 당신이 의사가 되기를 의도했을 수도 있다. 그런데 당신이 의사가 안 되고 교수가 되었다고 해서 당신이 더 어리석게 되었다고 느껴야 하는가?

비연속성 논변

생명윤리학자들 다수는 배아가 중간 정도의 도덕적 지위를 가진다고 주장한다. 그러나 소위 비연속성 논변은 배아가 잠재적 인간이라고 해서 인간과 동등한 도덕적 지위를 가질 수는 없다고 한다.

대신 배아 발달 과정에서 보이는 여러 표지들을 삶의 시작을 가리키는 경계 지점으로 본다.

대통령 생명윤리위원회가 〈줄기세포 연구 검토 보고서〉에서 지적했던 것처럼 가장 초기의 표지 중 하나는 14일에 발생한다. 어떤 이는 14일이라는 기준이 혼란을 없애고 접합자가 개별화되는 지점을 보여 준다고 믿는다. 또 다른 표지는 신경체계가 형성되는 때이다. 또 초기의 줄무늬가 형성되는 14일부터 유해한 자극에 반응하는 능력이 형성되는 23주까지 여러 날짜가 그 후보로 거론되었다.

앞에서 언급한 것처럼 14일은 뇌가 형성되기 시작하는 시점으로 특징지어지므로 많은 신경과학자들이 도덕적 지위를 부여할 수 있다고 생각한다. 신경과학자들 다수와 생명윤리학자들 일부는 의식이 뇌의 작동 능력에서 생기므로 인간 생명은 14일보다는 더 나중에 시작한다고 믿는다. 물론 이 논변은 이미 약간 틀렸다. 만약 인간 생명이 의식으로부터 시작한다면 우리는 먼저 의식이 무엇인지를 정의해야 한다. 의식이라는 것은 태아가 장차 뇌가 될 신경체계를 가지는 시점에서 생겨나는가? 아니면 뇌가 충분히 형성된 뒤에 생겨나는가? 아니면 프로이트적 분석에서 말하는 열 살인가? 이런 질문들은 신경 '논리'가 해결하지 못하는 문제들이다. 신경과학에서 행해져 온 선구자적인 연구와 뇌 기능에 대한 계속된 발견들에도 불구하고, 의식을 가진다는 것이 무엇인지 우리는 아직 모르고 있다. 우리는 혼수상태에 이르게 하는 큰 뇌출혈이 의식 상태를 없어지게 한다는 사실에 동의할 수 있다. 발달된 알츠하이머 병에서는 자기의식이 결여되어 있다는 것도 안다. 또 유아기로부터 성인기를 통해 자기의식이 계속 발달한다는 것, 그리고 이것이 교육뿐 아니라 기초적인 뇌 발달을 추적할 수 있게 한다는 것도 안다. 6주 된 아기의 뇌가 복잡한 개념을 의식한다는 것을 보여 주는 훌륭한 연구들이 있다. 아기들이 부모가 방에 들어왔다는 사실과 큰 소리를 자각할 수 있다는 것도 관찰되었다. 그러나 태어난 지 6분이 지난 아기에게서 발견할 수 있는 의식 상태는 이 책을 읽는 사람의 의식 상태와는 확연히 다르다.

전망

의학의 전통은 인간의 세포 조직들을 중요하게 다루는 것이다. 의대에서 사체를 가지고 작업하든 생물학 실험실의 슬라이드에 있는 세포를 다루든 마찬가지다. 그러나 그렇다고 해서 인간과 동일한 도덕적 지위를 인간의 세포에도 부여할 수 있는 것은 아니다. 당신은 현미경 아래에 있는 세포 조직을 가벼이 여기진 않겠지만, 그렇다고 그것을 '인간'으로 여기지도 않는다. 그러므로 인간 배아에 중간적인 도덕적 지위를 부여하는 표지자를 확립하는 것이 필요하다. 비판자들은 어떤 특정한 날짜나 특정한 발달적 표지자를 선택하는 것은 생명의 시작을 결정하기에는 변수가 많은 방식이라고 한다. 그러나 나는 생명의 시작과 끝은 논리적이기보다는 종종 변덕스럽다고 할 것이다. 생명의 시작을 정하는 것은 뇌사를 결정하는 것과 유사하지만 생명의 척도에 대한 다른 측면 또한 고려해야 하기 때문이다. 이런 생각을 비논리적으로 만들지 않으려면 어떤 결정을 내려야만 한다.

생명이 한 개인에게서 시작하는 순간은 임신이라는 단순한 사건이다. 그러나 이것은 뒤늦은 지혜hindsight이며 하나의 생명이 시작된 뒤에야 이야기한다는 점에서 적절한 설명이 되지 못한다. 이와 마찬가지로, 하나의 집은 집을 만드는 데 필요한 도구들과 유사하게 생각될 수 있겠지만 집을 만드는 데 필요한 도구들을 파는 홈디포가 수백 개의 집들과 동일시될 수는 없다. 배아나 태아의 어떤 단계에 도덕적 지위를 부여할 수 있는지의 문제는 이보다 더 복잡하다. 신경과학적 관점에서 보면, 감각하는 존재에서 생명이 시작된다고 믿을 경우 세포 차원에서 생명이 시작한다고 보는 사람들보다 그 시점을 더 앞으로 밀고 나아가는 셈이 된다. 처음 감각적 반응을 제대로 하기까지는 생명이 시작되지 않는다고 주장하겠지만, 그렇다면 이 주장은 5~6개월 된 태아의 신경체계가 충분히 발달되지 않아서 스스로 생존할 수 없다는 논변으로까지 이어질 수 있다.

뇌가 아직 생기지 않은 단순한 세포 덩어리인 수정된 난자는 신생아나 충분히 잘 기능하는 성인에 부여되는 것과 같은 도덕적 지위를 가질 수 없다. 장차 인간이 될 유전적 재료들을 가지고 있다는 사실만으로 인간으로 보기는 어렵다. 장차 태아가 되고 아기가 될 발달 단계에 있는 배아는 자궁 안의 환경, 산후 경험, 그리고 수많은 다른 요인들과의 역동적인 상호 작용을 통해 나온 산물이다. 인간 종에 대한 단순한 유전적 설명은 인간을 설명하지 못한다. 인간이란 것은 전반적으로 다른 차원의 유기체이며, 배아가 난자, 정자와 구별되는 것처럼 단순한 배아와 구별된다. 한 인간을 만드는 것은 유전자와 환경의 상호 작용이다. 실제로, 우리들 대부분은 인간이 탄생하기 한참 전의 발달 단계에 있는 배아에 이 특별한 지위를 기꺼이 부여하고 싶겠지만 뇌가 생기기 전의 배아에 인간의 지위를 부여할 수 없다는 것은 확실하다.

생명이 시작되는 시점을 정하는 것은 미묘한 문제이다. 모두는 아니지만 대부분의 신경과학적 문제들은 맥락에 의존해야 한다. 단일한 해결책이나 답이란 없다. 나와 당신의 생명은 수정체 착상으로부터 시작했다. 그러나 나의 생명이 언제 시작했는가와 생명이란 것이 언제 시작하는지는 서로 완전히 다른 문제들이다. 연구를 위해 만들어진 14일된 배아에 인간이 가지는 도덕적 지위를 부여할 수 없으며, 그래서도 안 된다. 배아는 개체라고 할 수 없다. 한 아버지로서 나는 9주된 배아의 초음파 이미지에 감동하고 그것이 장차 내 아이가 될 것이라고 생각할 수 있다. 그러나 한 사람의 신경과학자로서 나는 그 피조물이 또 다른 14주 동안 자궁 밖에서는 생존할 수 없다는 걸 안다. 신경윤리에서는, 맥락이 모든 것이다. 또, 우리로 하여금 분석하고, 추리하고, 이론을 형성하고, 모든 맥락에 적응하게 하는 것은 우리의 뇌이다.

제2장

노화하는 뇌

도덕성에 대한 무지는 안락함을 준다. 다른 동물들은 도덕성을 몰라도 잘 지내지만, 인간은 그 안락함에 안주하지 않고 죽음을 생각하며, 그것이 무엇인지 아는 유일한 생물이다. 돼지는 꽥꽥거리지만 인간은 입을 다물 줄 안다.

테네시 윌리엄스, 《뜨거운 양철 지붕 위의 고양이》 중에서

"여행은 어땠니?" 아버지가 묻는다. "애야, 얼마 전에 보트 여행을 가지 않았니?" 아버지가 80대에 접어들었다면 기억을 잘 못하는 것은 충분히 이해할 만하다. 당신이 세부사항들을 회상하기가 점점 더 어려워진다면, 그건 당신이 60대이기 때문이다. 한 가지만 제외하면 그렇다. "아버지, 우리 함께 여행을 갔었어요. 배를 타고요." 아버지는 당신과 언쟁한다. "나는 배 타고 여행한 적이 없어. 난 그걸 기억한다고." 당신은 아버지와 함께했던 여러 가지 것들—수영장에서 헤엄치기, 멕시코 타운으로의 하루 여행, 특별실에서의 식사—을 이야기한다. 그는 이것들 중 어느 것도 하지 않았다고 한다. 그래도 하나는 기억한다. 손주의 암벽등반을 보았던 것. "아, 그래. 그거 기억난다. 간이 콩알만 해졌지."

우리는 이런 이야기들을 더 자주 하게 된다. 수명은 예전보다 더 늘어나고 정신은 쇠퇴했음에도, 신체만 건강해서 성가신 현실을 경험할 정도로 직접적으로든 보살핌을 받아서든 오래 살고 있기 때문이다. 모든 형태의 치매는 가끔 유쾌한 이야기를 만들어 낼 수는 있다. 그러나 누구든 치매—혹은 가장 심각한 형태인 알츠하이머—를 앓는 이들의 주변 사람이 겪는 고통을 알듯 어떤 이가 정신적 능력을 잃어 가는 모습을 보는 것은 고통스럽다.

건강한 성인에게 인지능력이 없다는 사실은 혼란스럽다. 알고 지내던 사람이 이것저것 잘 잊을 뿐 아니라 다른 시공간에서 길을 잃은 것처럼 보이고, 더 이상 일상생활을 수행할 수 없게 된다. 이 사람은 퇴행하는 것처럼 보이며, 혼자서는 화장실에 가지도 못하고, 도움 없이는 먹지도 못한다. 한 아이가 성장하고 기술을 배워 가는 것을 보는 것은 즐겁지만 어떤 사람이 퇴보하는 것을 보는 것은 전혀 즐겁지 않다. 가장 고통스러운 것은 쇠퇴를 경험하는 사람이 다른 이들을 인지하지 못할 뿐만 아니라 자신의 능력 상실도 자각하지 못하게 된다는 것이다. 뇌가 정신 능력을 상실할 때 아마도 일종의 방어기제로서 자기의식도 없어지게 되는 것 같다. 나는 앞장에서 다음의 문제를 언급했다. 어느 시점에 자기의식이 없어지는 것인지에 대해 신경과학은 이야기해 줄 수 있는가? 아직은 이야기할 수 없고 아마도 아예 불가능할 수 있겠지만, 우리가 여전히 씨름

해야 하는 문제들이 있다.

노화의 문제를 다루다 보면 곤란한 신경윤리 문제들이 많이 발생한다. 그러나 내 생각에 한 가지 문제는 분명 시간 낭비이다. 불멸을 추구하는 방법 중 하나인 노화 연구와 수명 연장에 대한 우려가 그것이다. 대통령 생명윤리위원회에서 발행한 〈치료를 넘어서〉라는 보고서 중 한 부분은 노화 연구의 주된 목표가 수명 연장이라고 되어 있다. 이 부분은 우리들 중 대여섯 명의 위원들을 크게 좌절시켰는데, 수명 연장이라는 개인적 이익이 사회 문제가 될 수 있기 때문이다. "노화의 지연은…… 모든 이들에게 허락될 경우 생길 수 있는 사회적 여파 때문에 서민층의 비극으로 끝날 수도 있다. 개인적으로 추구되는 이익은 아직 실행되지 않았거나 더 나쁘다. 이 문제점들을 미리 생각하는 것은 우리가 추구하거나 피하기를 원하는 것들을 조심스레 고려하게 한다."[1] 그러나 이것은 있지도 않은 것을 문제 삼는 것이다. 미국인의 조상이 배를 타고 신대륙에 정착하기 전 잘못될 수 있는 모든 것들을 심사숙고하면서 영국 앞바다에서 망설이고 있었다면, 우리는 아직도 표준 영어밖에 모를 것이다. 과학은 앞으로 나아가는 움직임이자 발견이다. 인간은 새로운 정보와 지식에 적응하며, 우리의 뇌는 지식을 좋은 곳에 사용하게 하는 합리적 사고와 연역 추리 능력이 있어 아름답다. 노화 연구는 사람들이 죽음을 맞을 때까지 건강한 정신적·신체적 삶을 영위하려는 욕구가 동기가 될 때 가장 바람직하다. 단순히 신체적 삶을 연장하려는 욕구는 바람직한 동기가 아니다.

이런 목표를 가진다 해도 쇠퇴하는 정신 건강을 어떻게 다룰 것인지는 활동적인 젊은 세대에게도 중요한 문제이다. 테네시 윌리엄스가 지적한 것처럼 인간이 된다는 것은 우리가 언젠가는 죽는다는 자각을 가지고 사는 것이다. 죽을 운명이라는 사실에 대한 두려움은 우리로 하여금 생명을 옹호하게 하고 우리가 할 수 있는 모든 것을 시도하게 한다. 하지만 노화에 대한 두려움은 대부분 주름완화 크림, 피트니스 센터, 그리고 시간의 흐름을 막아 보려는 성형수술 같은 수조 달러의 산업을 일으키는 데 기여했다. 많은 이들은 젊음을 좇는 문화가 노인들이 생각하고 말하는 것을 더 이상 존중하지 않게 만든다고 주장한다. 보조적인 생명 유지 장치나 요실금과 치매 같은 볼품없는 선택지들 중 어떤 것에 직면하게 된다는 사실은 둘째 치고, 그런 문화에서 누가 품위 있게 늙기를 원하겠는가?

노화에 대한 두려움은 죽을 운명에 대한 두려움의 연장선상에 있는 자연스러운 공포지만 신경과학은 다른 관점을 제시한다. 뇌의 문제가 되면 우리는 이전에 몰랐던 것을 놓치지 않고 다 알게 된다. 당신이 뇌량을 절단하는 뇌 분할 수술을 받아 뇌의 두 반구들 사이에 전기 신호가 오가지 못하게 되었다고 상상해 보라. 수술 받기 전에는, 당신이 내 얼굴의 왼편을 볼 수 없다는 사실뿐 아니라 그것에 대한 이야기도 할 수 없을 것이다. 안타깝지만 사실이 그렇다. 뇌의 피질이 손상되거나 두 피질들이 분리되어서 지각 능력을 상실하면 상실된 능력에 대한 의식 또한 없어지는 것 같다.

같은 얘기가 노화에도 적용된다. 치매와 알츠하이머를 앓는 사람들은 대개 자신의 기억 상실을 자각하지 못한다. 환자들은 잘 잊어버리는 초기 단계에서는 자각 능력이 있지만 자기 자신에 대한 자각까지 상실되는 단계가 되면 그런 혼란스러운 상태에 대한 자각도 없어진다. 알고 지내던 사람이 기억을 상실했다는 것을 알기 때문에, 환자보다는 오히려 주변사람이 더 고통스럽다. 치매를 앓는 사람들을 보면 노화를 두려워하게 된다. 치매를 경험하면 뇌는 모욕적인 것들에 대한 자각이 없어진다. 이렇게 되면 어떻게 뇌와 신체가 동등한 조화를 이루며 노년을 영위할 것인가가 문제가 된다. 지금은 수명이 더 길어졌기 때문에 뇌가 신체에 뒤떨어지지 않게 하는 방법을 연구해야 한다. 치매는 우리가 정해져 있는 수명을 넘어서 생존하는 바람에 뇌에 생겨난 결과일 뿐이다. 만약 우리가 줄기세포나 다른 약리학적 연구로 인지적 수명을 향상하고 확장할 수 있다면 그렇게 해야 할 것이다.

노화와 관련된 중요한 신경윤리적 문제는 첫째, 줄기세포와 세포이식 기술을 포함한 생명 의료 연구를 통해 노화하는 뇌의 병을 치료하는 것. 그리고 둘째, 인지 기능의 상실과 의식의 상실을 구분하고, 이러한 구분이 삶의 종결에 대한 결정을 내리는 데 의미하는 바가 무엇인지를 밝히는 것이다.

뇌에서는 어떻게 노화가 일어나는가

어떤 이들은 치매나 알츠하이머를 앓는 반면 또 다른 이들은 어떻게 80대나 90대에도 여전히 왕성한 인식 능력을 가질 수 있을까? 이 점에 대해 이해하려는 신경과학자들의 연구는 정상적으로 노화하는 뇌와 비정상적으로 노화하는 뇌에 대해 많은 것을 알려준다. 엄청난 유전적 요소들과 생활양식이 건강한 노화에 관련되는 것으로 밝혀진다. 성인의 뇌는 모두 쇠퇴하는 과정에 있지만 쇠퇴율의 차이가 개개인의 정신 능력의 차이를 만든다.

■ 정상적 노화

지난 몇십 년간 건강에 대한 관심과 위생 수준이 향상된 덕분에, 우리들 대다수는 70대와 80대를 보다 잘 영위할 것으로 기대된다. 노화에 대한 최근의 인구 통계에 따르면, 1900년에는 미국 인구의 4.1퍼센트인 300만 명이 65세 이상이었다. 20세기 중반까지는 인구의 8퍼센트인 1230만 명이 65세 이상이었다. 지금은 미국에 있는 3400만 명의 사람들이 65세 이상이고, 이 숫자는 곧 미국 인구의 15퍼센트까지 올라갈 것이다. 또 2030년경에는 그 두 배가 될 것이다.

평균 수명은 늘어났고 신체는 건강해졌는데, 뇌는 과연 그런 신체를 따라잡을 수 있을까? 신경과학자들은 뇌가 노화와 더불어 '무게를 잃어 간다'고 생각해 왔다. 우리 뇌의 5~10퍼센트는 20세와 90세 사이에 줄어든다.[2] 수년 동안 과학자들은 뇌의 부피 변화는 거대한 뉴런(뇌 세포)의 감소 때문이고, 노화로 인한 인지 기능의 손상은 뉴런 상실 때문이라고 믿어 왔다. 그러나 세포 감소는 그 원인이 아닌 것으로 최근 밝혀졌다. 성인이 가지는 뉴런의 수는 상대적으로 안정적이며, 부피 감소는 뉴런 간의 연결과 그것을 둘러싼 절연체의 변화로부터 생긴다.[3]

시냅스 연결의 변화는 전전두 피질과 해마에서 가장 현저하게 나타난다. 뇌가 노화했다는 전형적인 징후가 생기는 것은 놀라운 일은 아니다. 전전두 피질은 작업 기억—마음에 있는 메모지처럼 사물들의 목록을 유지하는 기능을 하는 것—에 영향을 미치는 뇌 영역이다. 해마는 사건들에 대한 정보를 수합하고 이 정보가 장기 기억에 저장되어야 하는지를 결정하는 뇌 안의 심층 구조이다. 나이가 들면 전전두 피질에서 뉴런들 간의 연결(시냅스)의 수가 감소할 뿐만 아니라, 미엘린myelin(신호를 더 빨리 전달하도록 돕는 뇌세포를 감싸는 지방막)도 두드러지게 파괴된다.[4] 기능적 자기공명영상(fMRI) 연구는 전전두 피질의 감소와 사물이 발생하는 순서(임시 기억),[5] 그리고 작업 기억(메모장 기억)[6]과 관련된 기억 상실이 직접적으로 연관된다는 것을 보여 준다.

해마 부분에 있어서는 노화가 시냅스의 연결 수를 감소시킬 뿐만 아니라 화학 정보도 변화시킨다. 신경화학적 아세틸콜린(혈압 강화제)(ACh)은 해마(와 다른 구조들 중에서도 전두엽 피질)에 작동하고 이 물질을 방출하는 세포는 해마 기능을 손상시키면서 나이가 들어가면서 감소하는 것으로 알려져 있다.[7] 전전두 피질과 해마의 이런 손상들은 단기 기억과 새로운 장기 기억을 형성하는 문제—정상적으로 노화하는 성인에게 나타나는 바로 그 문제들—를 낳는다.

노화에 대한 또 다른 불평은 뇌가 평소만큼 재빨리 작동하지 않는다는 것이다. 이 '정신적 느림'은 미엘린의 소실 때문일 수도 있다. 미엘린을 가진 뉴런은 고속 인터넷에 연결된 컴퓨터와 같다. 반면 미엘린이 없는 뉴런은 전화선으로 인터넷에 연결된 컴퓨터와 같다. 초고속망에서 전화선으로 연결된 인터넷으로 옮겨 사용하는 것이 얼마나 좌절스러운지 우리는 안다.

그런데 이 모든 변화들은 왜 일어나는가? 무엇이 뇌의 노화를 야기하는가? 이에 대한 두 가지 가설이 있다. 하나는 '오류 이론'(세포의 계속되는 오류들과 세포 손상, 그리고 다른 해로운 영향들이 노화를 야기한다)이고, 다른 하나는 '프로그램 이론'(유전자가 노화되도록 프로그램되어 있다)이다. 정상적 노화는 이 두 이론의 혼합으로 가장 잘 설명된다. 어떤 방식으로든 유전자는 노화 과정에서 큰 역할을 하며, 많은 양의 운동이나 두부 같은 건강 음식 혹은 다른 만병통치약도 유전적 설계도의 영향을 오랫동안 막아 내지는 못할 것이다.

오류 이론의 가장 친숙한 예들 중 하나는 유리기free radicals(遊離基)의 효과이다. 유리기는 우리의 뇌세포를 파괴하는 골치 아픈 작은 분자들이다. 유리기는 정상 호흡의 부산물로 생겨나며 손상되지 않은 전자와 산소 분자들로 구성된다. 이 유리기는 불안정하며 꽤 반응적이다. 만약 항산화물(과일과 채소에 있는 좋은 비타민들)에 길들여져 있지 않으면 유리기들은 계속해서 주변 세포 조직들(그 세포 안의 단백질인 미엘린의 지방 혹은 유전자의 DNA까지)을 손상시킬 것이다. 이 손상이 계속 늘어나면 노화의 특징인 행동적 퇴화가 발생할 수 있다.

프로그램 이론은 우리가 가지고 태어나는 유전자의 결과로 뇌가 퇴화한다고 한다. 두 유전자—아포지방단백 E(apolipoprotein E)와 ACE—가 인지 능력의 퇴화와 관련되어 있다. 어떤 종류의 아포지방단백 E 유전자를 가지고 있는 사람들은 정렬된 작업에 대한 기억

(서술적 기억)뿐만 아니라 사실에 관한 기억(절차적 기억)도 잘 하지 못한다. 유전적 특질은 노화에 있어서의 개인차를 설명해 준다. 사람들은 100세가 되어도 인식 능력이 있고 정신적으로 활동적인 경우부터 알츠하이머와 같은 뇌의 병에 걸리는 경우, 그리고 40세나 50세 정도로 젊은데도 현실, 기억과 인지 기능 모두를 상실하는 경우까지 광범위하다. 유전자는 이 차이들을 만들어 낸다.

나이가 들면서 건강 유지를 위해 우리가 하는 것들—매일 운동하고, 당근을 먹고, 비타민 E를 섭취하고, 레드 와인을 마시는—은 우리의 유전적 운명에 대응하여 점차 효력을 발휘한다. 생명이라는 큰 캔버스는 유전자로 구성되어 있고, 우리는 유전적 운명을 극대화할 수는 있지만 변화시킬 수는 없다. 이 점이 우리 신체가 자연적으로 퇴화한다는 사실과 결합되면, 탐험가 폰세 데 레온Ponce de Leon(젊음의 샘물을 찾아 나섰던 15세기의 스페인 탐험가—옮긴이)이 꿈꾸던 영생을 생각하는 것이 어리석다는 것을 알게 된다. 죽음을 맞이하는 순간까지 우리가 건강을 최대한 유지하도록 하는 것이 바로 노화 연구의 바람직한 목표 그 이상도, 그 이하도 아니다.

■ 비정상적 노화

앞으로 인구의 상당수(인구의 15퍼센트인 65세 이상)가 인지 능력을 쇠퇴시키는 무수한 장애들과 손상들을 포괄하는 질환인 치매에 걸리게 될 것이다. 폭음, 흡연, 만성 스트레스, 뇌 손상, 뇌졸중과 헌팅턴 병, 파킨슨 병 그리고 알츠하이머 같은 병은 모두 치매를 일으킨다. 알츠하이머 병은 가장 일반적인 형태의 비정상적 노화이며, 미국인 중에서 100만 명이나 이 병에 걸린다. 85세 이상의 사람들 중 4분의 1은 알츠하이머에 걸리며, 노인들에게 이 병은 일종의 '노년 전염병'이 되어 가고 있다. 신경과학자들은 이 질환을 발생시키는 메커니즘을 알아내 효과적인 치료제를 만들려 하고 있다. 약학적 연구는 많지만 아직 치매의 황폐함을 구원하지는 못했다. 줄기세포 치료는 희망을 주지만 이 기술을 이용해 수행된 연구가 거의 없기 때문에 아직은 어떤 발전도 없다.

알츠하이머 병은 15년까지 지속될 수 있고, 끝내는 생명을 앗아가는 천천히 진행되는 질환이다. 먹고 숨 쉬는 신체를 가지고 있지만, 마음은 자신의 신체를 그 자체로 알아볼 수 없는 상태이다. 당신은 알츠하이머에 이미 어떤 식으로든 걸려 있을 수도 있고, 그 병에 의해 서서히 파괴된 가족이나 친구를 알고 있을 수도 있다. 로널드 레이건은 그런 파괴를 경험한 최고의 유명인이다. 이런 모습을 지켜보는 것은 끔찍한 일이다. 이 병은 정신적 혼란으로부터 시작해서 기억과 자각의 상실을 가져온다. 또 물리적으로도 악화될 수 있어서 먹지 못하고 쉽사리 상처가 나며, 식별 능력이 없어질 수도 있다. 레이건 전 대통령 자신은 어떤 의식 상태를 가졌는가? 로널드 레이건이 어떤 사람인지를 기억했던 낸시 레이건이 사실은 더 비참함을 느꼈을 것이다. 로널드 레이건은 그 자신이 어떤 능력을 상실했는지도 모르는 상태였다.

알츠하이머 병에 걸린 사람들 중 10퍼센트는 상대적으로 젊은 나이(65세 이전)에 발병했다. 이 경우들 대부분은 그 원인이 유전적인데, 그들은 세 가지 특정 유전자들(APP, PS1, 그리고 PS2)과 연관되어 있다. 일찍 발병되는 알츠하이머는 발병 이후 5년 이내에 죽게 되는 더 급속하게 진전되는 질환이다.[8]

분명한 사실은 치매에 걸린 부모의 정신 상태는 어떤 것에도 도덕적 혹은 윤리적인 연관성이 없다는 것이다. 그들은 세계와 연결되어 있지 않다. 어떤 무시무시한 의미에서 보면, 정신적 수행 능력에 대한 기초 테스트를 통과해야 한 사회의 구성원이 된다고 할 경우 치매에 걸린 이들은 더 이상 우리 인간 종의 구성원이 아니다. 그래도 우리는 그런 생각을 부정하려고 매우 열심히 노력한다. 치매 환자들의 간병인들은 환자들 정신의 '명료함의 창문들'을 계속 관찰하며, 치매 환자들의 황폐한 시간 동안 그들을 지탱하는 어떤 순간들이 종종 나타난다고 한다. 그러나 그 창문들조차도 환상일 수 있다. 간병인은 환자의 자발적 발화가 실제로는 아무것도 아닌데도 명료하다고 해석하곤 한다.

의식의 끝은 어디인가

여러 가지 증가하는 사례들 속에서, 생명윤리학자들은 의식의 끝을 정의하는 쉬운 방식 중 하나인 특정 표식을 찾으려고 한다. 그런 표식은 생명 유지 장치를 언제 떼어야 하는지, 생전 유언은 어느 시점에 부여될 수 있고, 그것을 어떻게 정교화할지, 그리고 더 민감한 사안인 안락사는 언제 수행해야 하는지를 결정하는 데 유용할 것이다. 그러나 의식은 또 다른 어두운 영역이다. 오늘날 세계 각국의 의사들은 뇌사라는 것이 뇌 줄기가 죽었을 때, 즉 신경체계가 더이상 독자적인 순환 기능을 유지할 수 없을 때를 의미한다는 데에동의한다. 그러나 우리가 뇌에 관해 더 많은 것을 알게 될수록—기억의 상실과 자동 기능의 상실을 더 잘 구분할수록—우리는 의식이라는 파악하기 어려운 상태가 어느 시점에 상실되는지를 더 알고자한다.

우리는 '의식consciousness'을 종종 '자각awareness'으로 해석한다. 즉 우리들 대부분은 의식을 심리학적 의미에서—자신의 행동이 자신과 타인에게 미치는 영향에 대해 자각하는 감각적 존재의 한 속성으로—생각한다. 그러나 신경과학자는 '의식'이라는 용어를 우리가 일상적으로 사용하는 방식이 아니라 의학적으로 사용한다. 의학적으로 의식은 각성, 주의의 상태를 의미한다. 혼수상태에 있는 사람은 무의식 상태에 있고, 알츠하이머 병을 오래 앓은 사람은 의식적이지 않은 상태에 있다. 신생아는 의식적이며 엄마가 방으로 들어온다는 것을 자각한다. 그래도, 혼수상태인 환자의 뇌 기능은 신생아의 뇌 기능보다는 더 발달되어 있다.

뇌가 아주 많이 퇴화하고 더 이상 인지 기능을 못해 덜 존중받게되는 노화 기간 동안 우리 정신이 어떤 상태인지를 묻는 것은 특히고통스러운 질문이다. 그런 상태가 존재한다는 사실은 의문의 여지가 없고, 그 상태가 된 사람들을 돌보는 현실적 문제들과 어떤 보조장치가 사용되는지, 그리고 얼마 동안 그런 상태에 있는지에 관한것을 아는 것은 곤란한 문제들이다.

윤리학자들은 이 문제에 답하는 방식이 의식의 끝을 정의하는 것인지, 그리고 이 정의가 생명 구제 치료와 생명 자체의 끝을 결정하는 의미인지를 숙고한다. 치매의 경우, 생존 의지를 존중해야 하는지의 문제도 고려한다. 예를 들면, 생명윤리학자인 레베카 드레서와 로널드 드워킨은 '마고'라는 알츠하이머 환자의 사례에 대해 다른 관점을 가지고 있다.[9] 드워킨의 시나리오에 따르면, 마고는 만약 알츠하이머를 앓게 될 경우 생명을 위협하는 다른 병들에 대한 치료를 받지 않을 것이라는 법적 서류에 서명을 했다. 그래서 드워킨은 환자의 소망을 따라야 한다고 주장한다. "드워킨의 입장은 자율성, 덕행, 생명의 신성함이라는 가치에 대한 그의 탐구로부터 나온다"고 드레서는 설명한다. 반면, 드레서는 알츠하이머 환자가 소망을 피력할 때는 치매에 걸려도 행복한 삶을 영위할 수 있다는 것을 모를 수도 있었다고 주장한다. 환자 자신의 인지 능력이 상실되었다는 것을 몰라도 여전히 일상생활을 즐길 수 있다는 것이다. 그러면 치료 가능한 폐렴에 걸렸을 때 그 치매 환자는 항생제를 거부해야 하는가? 환자는 더 이상 자신의 의학적 치료에 대한 결정을 내릴 수 없는 상태에 있지만, 그렇다고 해서 법적 서류의 내용에 따라 항생제 처방을 보류하는 것은 옳은 것 같지 않다.

이렇게 단순한 예가 오히려 더 어렵다. 의학적으로 그리고 과학적으로 훈련받은 사람들은 위에서 언급한 윤리적 분석들을 당황스러워한다. 드레서는 신경학 병동을 걸어 본 적도 없고 관련되는 질병들을 가진 환자들에게 관심을 가지거나 연구한 적도 없다. 만약 드레서가 그런 경험이 있다면 치매 환자가 거의 아무것도 자각하지 못한다는 것을 확신할 수 있을 것이다. 치매 환자가 어떤 탁월한 마음 상태를 가질 수 있다는 생각은 치매 환자들이 자각 능력을 가진다는 것을 가정한다. 뇌와 정신 기능이 눈에 띄게 사라지는데 어떻게 드레서처럼 주장할 수 있단 말인가? 윤리학자들이 강조하는 '만약 이러저러하다면 어떨까'라는 식의 논변은 현대 사회가 직면하는 실제적 문제들을 파악하는 데 오히려 방해가 된다. 치매는 생명 구제 조처를 더 이상 고려할 필요가 없는 상태로 보아야 하는가?

전망

허물은 나이가 아니라 나이에 대한 우리의 태도에 있다   **키케로, 《노년에 관한 에세이》, 기원전 73년**

문제는 당신이 몇 살인가가 아니라, 어떻게 늙어 가는가이다   **중국 격언**

나이가 드는 것은 인생의 필연적인 거래 중 한 부분이다. 어떤 즐거움은 건강한 나이듦과 현명한 반성으로만 얻을 수 있다. 고삐 풀린 젊은이들을 보는 것은 유쾌하고 즐겁다. 제한된 수의 행동 패턴이 계속 그렇게 반복하게 한다. 이 패턴들은 자신과 타인들에게서 자각—나이와 더불어 발달하는 능력—되면서 위험한 상황에 있는 사람들을 돕고, 또 그들로 하여금 다른 이들을 돕게 만드는 기쁜 책임감을 가지게 한다. 노화 연구에서 추구해야 하는 것은 영원히 사는 것이 아니다. 우리가 추구해야 하는 것은 살아 있는 동안의 건강이다.

다수가 경험하는 정신 기능의 상실이라는 괴로운 문제들은 우리를 성가시게 하고 배아의 도덕적 지위에 관한 것이 그렇듯 무수한 윤리적 문제들을 제기한다. 일단 도덕적 지위가 부여되면 나중에 철회할 수 있는가? 우리는 자아, 개성, 타인에 대한 감각, 그리고 우리의 인간임에 대한 감각을 지탱하고 관리하고 만들어 내는 것이 뇌임을 안다. 뇌는 심장, 콩팥, 그리고 간처럼 복잡한 기관이다. 그러나 이 기관들에 대해 우리는 낭만적으로 되거나 염려하지 않는다. 장기가 병에 걸리면 새 장기가 필요하고 장기이식 목록에 우리 이름을 올릴 수도 있다. 이와 마찬가지로 치매에 걸려 퇴화하는 뇌를 구하기 위해 뇌 이식을 원하게 될까?

그렇지는 않을 것이다. 이식된 뇌—말하자면, 심장을 관통한 총알로 전쟁터에서 죽은 젊은이의 뇌—는 바로 그 젊은이이지, 뇌 이식을 통해 의학적으로 치료된 당신은 아니다. 이 단순한 사실은, 당신은 바로 당신의 뇌라는 것을 분명하게 보여 준다. 화학물들이 조정하는 패턴으로 기능을 수행하면서 수천 개의 피드백 연결이 통제하는 거대한 연결망 안에서 상호 연결되는 뉴런들, 이것이 바로 당신이다. 그리고 진정 당신이 되려면 이런 모든 시스템들이 함께 잘 작동되어야 한다.

이 점을 당신의 첫 자동차인 '넬리'에 비유해 보자. 넬리는 당신의 인생과 마음, 그리고 내력의 일부이다. 당신은 그 차를 운전하는 것을 배웠고, 당신의 첫 데이트 상대는 넬리 안에 있었고, 넬리 안에서 그밖의 여러 일들을 겪었다. 하지만 넬리는 녹슬고, 멈추고, 퇴화하기 시작했고, 제너럴모터스 사는 그 차의 부품들을 더 이상 만들지 않는다. 그럼에도 불구하고, 그 차의 육체에 해당하는 차체는 아직 거기에 있고, 비록 그 차가 당신의 새 차인 혼다 옆에 주차되어 있더라도 넬리는 당신 마음 안에 살고 있고, 당신은 그 차를 없애지 않는다.

'할아버지'는 치매를 앓는 상태, 즉 원래 할아버지의 그림자 상태이다. 그는 녹슬었고 그의 뉴런들은 자동적이고 피상적인 방식으로는 의식적일지라도, 정확하게 작동하지 않는다. 그의 몸은 거기에 있고 더 이상 자신이나 당신의 개성을 기억하지 못한다 해도, 당신은 그를 볼 때 그의 개성을 떠올린다. 넬리와 할아버지는 공통점이 많다. 할아버지는 넬리처럼 당신의 마음 상태를 자극하지만, 그 자신은 자극하지 못한다. 할아버지는 넬리처럼 당신 안에 살아 있지만 할아버지 자신 안에는 살아 있지 않다.

할아버지가 더 이상 우리와 함께 있는 것이 아니라는 신경과학적 사실을 최대한 합리적으로 생각하더라도 할아버지로부터 도덕적 지위를 빼앗기를 원하는 이는 거의 없을 것이다. 할아버지를 안락사하기를 원하는 이도 거의 없다. 수명 연장 의술을 보류하기 위한 훌륭한 윤리적 논변이 있는 반면, 할아버지는 우리의 개인적이고 집합적인 마음 안에 하나의 지위를 가진다. 왜 그런가? 하나의 이유는 정신착란을 일으킨 뇌가 정상적인 도덕적 지위를 상실하게 되는 지점을 확인하는 것이 불가능하게 느껴지기 때문이다.

이와 관련된 최근의 역사는 끔찍한 증거를 제공한다. 1939년에 히틀러는 '치유 불가능'하다고 여겨지는 환자들에 대한 '자비살인 mercy killing'을 허가했다. 이 프로그램에 맞선 저항이 몇몇 있은 후, 1941년 베를린의 독가스 처리실에서 자비살인이 시행되었고, 7만 명이 넘는 남성과 여성이 살해되었다. "안락사는 또 다른 모습으로 수행되었다. 독일제국 시기 동안 병원이나 정신병원에서 단식 요법이나 약물의 대량 투여로 환자들이 죽었다. 1939년부터 1945년까지, 추정컨대 20만 명의 사람들이 여러 가지 안락사 프로그램으로 죽었다"고 알려진다.[10]

물론, 다른 이의 생명을 종결하는 것과 자기 자신에게 비일상적인 생명 유지 장치를 하지 않으려고 법적 도구들을 이용하는 것에는 큰 차이가 있다. 치매 환자가 정상적일 때 제출한 지시사항이 있다 하더라도 심각한 치매 환자에게 항생제는 주어야 하는 것이 아닌가? 불치병이라 하더라도 생명에 대해 자기 마음대로 내리는 결정을 허락해야 하는가?

자기 삶을 스스로 끝내는 행위가 무수한 방식으로 계속되고 있다 하더라도 안락사를 고려할 때는 개인 간의 법적이고, 의학적이고, 영적으로 충분한 고려가 필요하다. 나 자신은 안락사를 선택하지는 않겠지만 우리의 다원주의 사회는 개인적 선택을 위한 메커니즘을 제공해야 한다고 생각한다. 나는 불치병이나 완전히 악화된 병을 가진 사람들에게 생명을 종결짓는 명예로운 방법을 허락하는 것 외에 다른 어떤 선택지도 없다고 믿는다.

2

뇌과학과 지능

근육강화제를 섭취한 운동선수는 실격이다.
그렇다면 뇌기능을 활성화하는 약물을 먹거나
뇌전극을 꽂고 실력을 키운 연구자나 음악가는 어떤가?

제3장

더 나은 아이를
디자인할 수 있을까

예일 대학교 졸업생 둘이 아이를 가지기로 결정했다. 그들은 똑똑한 아이를 가질 기회를 극대화하기 위해 자연 수정보다는 체외 수정을 고려한다. 그들은 하버드 대학교에는 합격하지 않았었고, 그들의 유전자들 중 가장 좋은 것을 선택해서 더 나은 기회를 그들의 아이에게 주고자 한다. 이것은 불가능하지 않다. 5년 내에 그렇게 할 수 있을 것이다.

우리 아이들이 완벽해질 수 있다면 누가 어떤 것이든 하지 않겠는가? "모든 여성은 강하고, 모든 남성은 잘생기고, 모든 아이들은 평균 이상"으로 묘사되는 게리슨 케일러의 워비곤 호수의 환상적인 세계에 나오는 아이들을 누가 원하지 않겠는가? 미국에서 우리는 어떤 것도 가능하다는 깊은 신념을 가지고 성장하며, 아이들은 그들이 되고 싶은 어떤 것이라도 될 수 있다. 우리는 적절한 환경적 요인이 아기의 뇌 형성에 도움이 되기를 바라면서, 좋은 집, 애정 어린 양육, 양질의 학교 교육, 충분한 영양, 좋은 장난감, 그리고 격려하는 분위기가 제공되기를 바란다. 어린이 교육을 적절히 배려하는 것이 그들의 성장에 중요한 역할을 한다는 점에 의문의 여지가 거의 없음에도, 처음부터 더 좋고 똑똑한 배아를 골라 내려고 재생산 기술을 사용하려는 바람은 커지고 있다.

아기를 디자인한다는 무서운 생각은 한편으로는 그 내용이 불분명하지만 또 한편으로는 이미 모든 사람들이 알고 있는 오래된 것이다. 진화생물학자들과 진화심리학자들은 수년 동안 배우자 선택에 관해 연구해 왔다. 금발을 좋아하는 사람도 있고 좋아하지 않는 사람도 있다. 키가 크고 홀쭉한 사람을 좋아하는 이들도 있고 체격이 큰 사람, 아니면 똑똑하거나 쾌활한 사람, 혹은 까무잡잡하고 신비한 사람을 좋아하는 이들도 있다. 우리의 선호도가 어떤 것인지 알고, 아이의 부모가 될 사람을 결정하기 전에 이 선호도에 따라 만나는 이들을 분류하게 되므로, 우리는 이미 진지하게 유전적 선별 검사를 하는 셈이다. 실제로 이 '자연적인' 종류의 유전 검사는 강력하며, 인류가 시작된 이래로 계속되어 왔다.

성과 특질을 선택할 수 있는 체외수정이라는 현대적 기술은 이 모든 것을 변화시킨다. 개인적인 선호도로 성과 특질을 선택하던 것이, 이제는 성과 특질을 만들어 내고 그 생성물을 발달시킬 수 있게 되었다. 부모는 이제 특정한 하나의 배아를 선택할 수 있고, 이 선택이 꿈에 그리던 아이를 만들 수 있는 기회를 극대화할 수 있다는 희망을 가진다. 더 이상 포드는 안 되고 BMW만 된다. 지금 당장, 누구라도 인터넷을 이용해 '체외 수정'을 검색해 수십 개의 병원을 찾고 교육 수준, 머리색, 그리고 키처럼 희망하는 특질들을 가진 난자들을 찾을 수 있다. 요컨대, 이런 실천들은 직접적으로든 간접적으로든 우리 후손을 개선하거나 향상시키고자 하는 것이다. 이런 상황에 더불어, 선택된 배아의 유전 구조를 바꾸기 위해 현대 기술을 사용할 수 있는 가능성이 추가되면 문제는 더 커지는 것 같다.

부모가 그들의 아이들을 유전적으로 설계하는 것을 허락해야 하는가? '안 된다'라는 직관적 대답을 하게 만드는 이 문제는 그렇게 단순하지 않다. 이 문제는 실제로 세 부분으로 나뉜다. 첫째, '지능 유전자'를 선택하는 것이 과학적으로 가능한가? 둘째, 만약 가능하다면, 유전자는 한 사람을 예측하고 모든 것을 다 설명하는가? 마지막으로, 우리는 세균 배양용 접시에서 그것을 좌지우지해야 하는가, 아니면 자연 그대로 내버려 두어야 하는가? 여기서 문제는 대부분의 사람들이 첫 번째 문제와 두 번째 문제에 대한 답이 함축하고 있는 것을 고려하지 않은 채 마지막 문제로 뛰어들려 한다는 데에 있다.

자, 그럼 첫 번째 문제부터 시작해 보자. '지능 유전자'를 선택하는 것이 과학적으로 가능한가? 하버드 대학교의 스티븐 핑커와 마이클 샌델은 착상전 유전진단pregenetic diagnosis과 그 외의 방법으로 유전자 선택을 해서 얻는 향상의 가능성, 적절함, 그리고 실용성에 대해 정기적으로 토론한다. 진화심리학자인 핑커와 도덕철학자이자 정치철학자인 샌델은 완벽히 어울리는 한 쌍이다. 어느 누구도 이전의 신념 체계를 불필요하게 부담스러워하지도 않고 두 사람 모두 건전한 과학적·사회적 틀로부터 합당한 결과를 논의하려고 노력한다.

핑커는 대담한 과학적 예측에 관해 회의적이다.[1] 성별이나 갈색 눈을 선택하는 것과 지능, 운동신경, 심지어 인간성을 설계하려고 하는 것은 서로 다른 문제이다. 지능을 논리적으로 향상시키는 문제를 예로 들어 보자. 지능이라는 특질은 다원발생적polygenetic인데, 즉 수백 수천 개의 유전자 혹은 수십 개의 유전자로 구성된다. 한 뉴런이 단일하게 활성화하는 동안 500개에서 1000개의 유전자 산물이 활동할 수 있다.[2] 이런 복잡한 메커니즘으로부터 지능이 만들어진다는 사실은 착상전 유전진단으로 지능 같은 특질을 선택하는 것이 쉽다는 생각을 주의해서 살펴보아야 한다는 것을 알려준다. 유전자 표현의 복잡성을 생각해 보라. 커튼 뒤로 구르는 공을 볼 때 한 아기의 뇌는 그 공이 단지 숨겨진 것일 뿐 사실은 커튼 뒤에 있다는 것을 안다. 이렇게 복잡하다.

다른 한편 샌델은 미래의 과학이 선택의 자유를 허락할 것이라고 가정한다. 이 관점에서 보면, 뇌 기능 향상에 관한 실제적 우려는 그가 "초대행자hyperagency—우리의 목적에 봉사하고 우리의 욕구를 만족시키기 위해 인간 본성을 포함한 자연을 재창조하려는 프로메테우스적인 열망—라 부르는 것과 관련이 있다고 주장한다. 문제는 복잡한 메커니즘이 아니라 지배 욕구이다. 지배 욕구는 인간 능력과 성취 같은 타고난 특질을 식별할 수 없게 하고 심지어는 파괴할 수도 있다."[3]

핑커의 논변과 샌델의 논변은 중요하고 자극적인 여러 문제들을 내포하고 있다. 나 자신은 두 논변의 일부에는 동의하지만, 궁극적으로는 초대행자가 우리 인간 종과 이런저런 신경윤리 문제들에 대해 가지는 의미를 다르게 생각한다. 최근까지 대부분의 과학자들은 지능 같은 다원발생적 특질을 설계하는 것이 말도 안 되는 생각이라는 데에 동의했을 것이다. 그러나 유전자 지도 작성의 놀랄 만한 발전은 과학이 얼마나 빨리 진행되는지를 잘 보여 준다. 결국 그 생각은 그렇게 얼토당토하지 않은 것만은 아닐 수 있고, 따라서 그 가능성을 고려해야 한다. 나는 기능 향상에 대해 샌델이 제시한 많은 우려들에 동의하는데, 특히 부모가 자기 아이들의 특질을 선택하는 것이 새로운 형태의 우생학이 되지는 않을까 하는 우려이다. 하지만 초대행자에 대한 두려움은 대상을 잘못 짚은 것이다. 초대행자는 샌델의 의미에서 보면 과학과 발견 작업을 하는 현대 세계에서 생겨나는 것이다. 우리는 그 절차를 완벽하게 가꾸려 할 것이고, 그 절차를 잘못 수행하면 초대행자 같은 것이 나오게 될 것이다. 그러나 초대행자라는 것이 무엇이고, 우리의 생존을 설계하려는 인간적이고 진화론적인 충동은 무엇인가? 이런 의미에서, 역사는 인간 종으로서 우리가 궁극적으로 우리 자신의 미래를 보장하는 결정을 한다는 것을 보여 준다. 우리는 원자폭탄을 발명하고 사용할 수도 있지만 그것을 다시 사용하지 않기 위해 많은 노력을 기울여야 한다. 인간은 호기심 많은 동물이고, 이것은 좋은 것이다. 결과가 우리 입맛대로 안 된다는 것이 분명해질 때까지는 그 호기심을 억눌러서는 안 된다. 이런 식으로 보면, 초대행자는 과학적 발견을 적용하는 데 균형을 잡는 역할을 한다.

물론, 새로운 생의학적 발견이 실용화되기도 전에 나쁜 결과들을 고려하는 방어적 접근은 안 된다는 의미가 아니다. 무언가 발생하지도 않은 두려움 때문에 과학적 발전을 억누르는 것은 실수라는 것이다. 유전적 선택과 초대행자에 대한 특정 문제에 대해서는, 만약 지능, 기질 그리고 다른 심리학적 요인들을 선택하게 될 경우 우리가 그런 힘을 가진다는 것의 사회적 함의가 무엇인지를 생각하기 시작해야 한다. 나는 이 주제에 대한 사실과 허구, 즉 무엇이 현실적이고 무엇이 가능하고 무엇이 불가능한지부터 이야기를 시작하겠다.

착상전 유전학의 가능성

우리는 착상전 유전진단이라는 놀라운 기술로 우리 자손의 본성을 만들어 낼 능력을 가지게 되었다. 2002년 약 6000여 개의 착상전 유전분석preimplantation genetic analysis 사례들이 미국에서 수행되었다. 착상전 유전진단은 테이색스 병Tay-Sachs disease의 원인이 되는 치명적 유전자를 평가할 수 있는 과정으로, 어려운 기술을 필요로 하며 8세포 단계에서 체외수정된 배아를 취해 유전 분석에서 한 세포를 제거하는 과정으로 구성되어 있다. 하나의 세포는 배아의 모든 유전 정보를 가지고 있고, 폴리메라아제polymerase 연쇄 반응이라 불리는 마술을 통해 유전자를 분석한다. 만약 배아가 나쁜 유전자를 가지고 있다면 제거된 세포의 DNA는 그것을 드러낼 것이고 배아를 파괴시킬 수 있다. 만약 어떤 나쁜 유전자도 탐지되지 않는다면 배아는 자궁으로 이식되어 정상적인 임신을 진행시킬 수 있다. 이 모든 것은 빠르게 일어나야 한다. 8세포 단계는 수정 후 약 3일째를 가리키며, 배아는 5일까지 자궁 안에 안착되어야 한다. 분자생물학자와 부모에게는 결정하는 데 딱 48시간만이 허용된다.

현재 착상전 유전진단은 염색체 이상을 알아보려는 부부들이 주로 사용한다. 헌팅턴 병이나 근육긴장 영양장애myotonic dystrophy를 비롯한 수많은 병의 원인이 되는 유전자를 지금 시대에는 발견할 수 있다. 이 경우들 중 약 20퍼센트는 테이색스 병과 낭성섬유증cystic fibrosis 같은 멘델적 이상을 확인하는 것과 관련된다. 많은 부부들은 나중에 불임이 되지 않으려고 양수천자amniocentesis(태아기의 이상을 진단하기 위해 산모의 배에서 양수를 뽑는 것—옮긴이) 또는 다른 방법들보다는 착상전 유전진단을 선호한다.

진단으로 가려낸 비정상적 상태들은 그 부부의 가족력과 관련된 이상들이다. 따라서 이 절차의 첫 번째 작업 중 하나는 그 가족이 부신 백색질장애adrenal leukodystrophy처럼 X 염색체와 관련된 병을 가진 적이 있다면 여성 배아들을 검사해 보는 것이다. 그래서 착상전 유전진단은 성별 선택에 사용될 수도 있는데, 이와 관련된 윤리적 문제는 가장 논란이 되는 주제들 중 하나이다. 우리 대부분은 무서운 병을 찾아내기 위한 착상전 유전진단을 용인할 수 있는 것 같다. 많은 이들이 배아를 가지고 장난치는 것은 거부하지만, 치명적인 유전자를 가진 아이를 출산하지 않으려고 새로운 기술을 사용하는 것은 보통 칭찬 받을 일로 여겨진다. 윤리학자들과 도덕적 신념을 가지고 있는 이들이 걱정하는 것은 착상전 유전진단이 부모의 개인적 선호만을 위해 사용될 때이다. 그러나 나는 이야기를 조금 더 앞서가려 한다. 과학은 여전히 다른 것들을 가능하게 만들고 있다.

인간 게놈 프로젝트를 이끄는 프랜시스 콜린스는 더 복잡하고 다원발생적인 병들을 알아내기 위해 착상전 유전진단을 사용하는 것은 5년 내지 7년 후에나 가능하게 될 것이라고 믿는다. 이것을 수행하는 하나의 방식은 특정한 병이 잠복해 있는 사람과 그렇지 않은 사람의 DNA를 대조해 보는 것이다. 특정 염색체—말하자면 염색체 7번—를 대조함으로써 1000쌍 중 오직 한 쌍에서만 유전자 표현의 차이가 난다는 것을 발견할 수 있을 것이다.

이 가능성이 그렇게 매혹적으로 보이는 것은 지능 같은 생물학적 상태에 대한 다원발생적 기초를 검토할 수 있기 때문이라고 콜린스는 설명한다. 만약 콜린스가 맞다면 핑커의 이야기는 틀린 것이며, 선호하는 심리적 특질을 지닌 배아를 고르는 데 새로운 분자 테크놀로지를 사용할 수 있다. 몇 년 전만 해도 이런 기술들이 가능하리라 생각되지도 않았다. 햅맵hapmap이라 불리는 염색체 지도는 염색체의 어떤 부분에 대한 기초적 화학 작용이 중요한 변이를 가진다는 사실을 보여 준다. 작은 변이들이 일어나는 부분들은 단일한 다형태 뉴클레오티드single nucleotide polymorphism들 혹은 SNP라고 불린다. SNP는 1000만 개 정도 있는 것으로 추정되는데, 분자의학은 SNP가 인접 물질들과 어떻게 상호 작용하는지를 알아내는 작업을 주로 한다. 만약 한 장소에 하나의 SNP가 있다면 가까이에 있는 SNP들과의 강한 상호 작용이 있을 것이다. 이는 겨우 10만 년 전에

약 1만 명의 개인들 집합으로부터 진화해 왔다.

이것이 의미하는 것은 당신이 염색체의 한 부분을 바라볼 때 우리의 공통 조상으로부터 내려온 손상되지 않은 부분을 보고 있다는 것이다. 이 사실은 병의 유전적 기반을 찾을 때 아주 유용하게 쓰인다. 또 1000만 개의 SNP들을 보는 손쉬운 방법은 그 자체를 드러내 준다. 우리는 전체 게놈을 나타내는 DNA가 무엇인지를 알려주는 '황금 기준'을 만들 수 있는데, 이것이 SNP들이 서로 관련되는 DNA의 범위를 보여 주는 염색체 지도인 햅맵이다.

생명윤리위원회 모임에서 최근 이런 발전 현황을 검토했던 프랜시스 콜린스는 계속해서 다음과 같이 설명한다. "당신이 생물학적 기초를 이해하지 못한다 해도 어쨌든 이 정보를 이용하고 싶어질 것이다. 왜냐하면 이 특정한 일배체형haplotype이 특정한 표현형과 상호 관련된다는 사실을 알면 이것을 미래에 적용하리라고 상상할 수 있기 때문이다."

"이 점이 착상전 유전진단을 사용해 특질들을 선택하는 것이 10년 안에 실현된다는 또 다른 이유이다. 우리는 생물학적 지식은 없지만 특정 연관들을 끌어낼 유전학적 능력을 가질 것이기 때문이다. 이 기술은 기술 적용에 관심 있는 사람들이 사용하게 될 것이다. 이 기획에 속도가 붙는 것은 그 기술의 또 다른 측면이다."[4]

생물학이 문화에 커다란 의미를 함축하는 시대의 문턱에 우리는 서 있다. 마음을 작동시키는 뇌의 기반인 다원발생적 토대들을 걱정할 필요가 없다는 보편적 신념과 핑커의 논변은 부정확할 수도 있다. 복잡한 병의 유전적 특질을 잘 밝혀 주는 생체분자 기술은 복잡한 정신적 능력과 관련된 뇌 메커니즘의 유전적 특질도 잘 밝혀 줄 수 있다. 이것은 불가피한 것이다.

그러나 유전자 지도를 만들고 다원발생적 특질들을 선택한다고 해서 이 특질들이 그 사람을 결정하는가? 정신적 능력을 예측하려면 유전자의 역할을 이해해야 한다. 유전자는 사고 기능의 토대가 되지만 생각과 기억, 그리고 다른 복잡한 정신적 삶은 환경 혹은 토대 구조를 이루는 요소들 간의 상호 작용에 꽤 민감할 수 있다.

행동유전학의 세 법칙

본성이냐 양육이냐의 문제는 이에 대한 급진적인 견해들이 변형되고, 재주장되고, 부정되고, 또다시 주장되는, 영원한 단골 주제이다. 대부분의 과학자들은 유전자가 지능지수, 운동 능력, 그리고 용모 같은 것들을 만드는 역할을 한다는 점에 동의한다. 유전자가 이런 특성들을 결정한다는 것이 정확히 무슨 의미인가?

널리 받아들여지는 행동유전학의 세 법칙들은 다음과 같다.[5] 첫째, 모든 행동 특성은 유전적(한 세대로부터 다음 세대로 전달되어 내려올 수 있는)이다. 둘째, 같은 가족 안에서 양육 같은 환경의 영향은 유전자의 영향보다 더 적다. 셋째, 유전자든 양육 환경이든 어느 것도 다양하고 복잡한 인간 행동 특성들의 실질적인 부분들을 해명하지 못한다.

■ 첫째 법칙: 행동 특성은 유전적이다

첫째 법칙을 결정하는 연구에서, '행동 특성'은 지능지수부터 공격성, 하루 텔레비전 시청 시간, 흡연량 등 여러 가지로 분포되어 있는데, 이 연구는 그런 행동 특성들이 유전적이라는 것을 발견했다. 첫째 법칙은 심지어 고등학교 졸업률, 범죄 기소와 이혼 같은 '행동 특성'의 유전 가능성도 설명한다.[6] 유전학이 연구하는 행동 특성은 인지 능력, 개성, 그리고 심리병리학[7]이라는 세 범주—모두 유전 가능성을 지닌다—로 느슨하게 묶일 수 있다.

하지만 예일대 졸업생 부부가 더 똑똑한 배아를 얻기 위해 그들의 DNA에 의존할 수 있을지는 의심스럽다. 가장 널리 연구된 행동 특성은 일반적인 인지 능력 혹은 지능지수이다. 1만 쌍 이상의 쌍둥이를 대상으로 한 30편의 연구를 포함해서, 지능지수의 가족적 유사성에 관한 111개 이상의 유전 연구들은 지능지수의 유전 가능성이 50퍼센트 가량이라는 것을 보여 주었다.[8] 일란성 쌍둥이들의 지능지수는 가장 높게 상호 관련되어 있었고(86퍼센트), 입양 어린이들과 부모의 지능지수의 상호 관련성은 가장 낮았다(20퍼센트).

언어 능력이나 공간 능력 같은 다른 인지 능력들은 지능지수처럼 강한 유전성을 보인다.[9] 여러 발달 단계들을 비교하면 일반 인지 능력의 유전성은 유아기(20퍼센트)부터 유년기(40퍼센트), 그리고 청소년기(50퍼센트), 성인기(60퍼센트)에 이르기까지 점차 증가한다.[10] 즉 나이가 들수록 지능지수는 생물학적 부모의 지능지수와 더 유사해진다. 유전 가능성이 나이와 더불어 증가한다는 발견은 환경적 영향이 나이와 더불어 증가한다는 일반적 생각과 완전히 대조적이다. 어떤 단일한 유전 코드도 지능지수를 완전히 설명하지 못한다. 지능지수의 유전 가능성은 변화하는 여러 유전자들에 의존한다.[11] 이것이 바로 한 특질이 다원발생적이라는 의미이고, 그런 특질을 선택하는 것이 불가능할 것이라 가정했던 이유이다.

개성personality은 또 다른 유전 가능한 행동 특질이다. 개성이 유전 가능하다는 생각은 다윈 이래로 도처에서 주장되어 왔다.[12] 유전자 연구의 선구자인 로버트 플로민은 일란성 쌍둥이와 이란성 쌍둥이가 개성의 유전 가능성에 있어서 각각 50퍼센트와 30퍼센트의 상호 관련성을 보인다고 추정한다. 개성과 관련된 다섯 가지 행동 특성(개방성openness, 성실성conscientiousness, 외향성extroversion, 우호성agreeableness, 예민성neuroticism)은 한데 뭉뚱그려 OCEAN으로 지칭되는데, 그중 50퍼센트는 유전적 요인들의 영향을 받는다.[13] 인지 능력과 마찬가지로 어떤 단일한 유전자도 개성의 유전 가능성을 통제하는 데 큰 역할을 하는 것 같지 않다.

어떤 정신병리 현상들 또한 유전 가능한 것 같다. 첫째, 정신분열증이 있는 사람들의 직계 친척들은 정신분열증에 걸릴 확률이 일반인보다 8배나 더 높다.[14] 조울증에 대한 가족 연구는 조울증을 겪는 사람의 직계 친척들 중 6퍼센트가 같은 병에 걸릴 위험이 있다는 것을 보여 주었고, 이 질환을 가진 친척이 없는 사람들의 1퍼센트만이 그 병에 걸렸다는 사실과 대조된다.[15] 이 연구는 유전적 영향에 주목했지만, 가족 환경이 정신병리에 미치는 영향도 배제하지 않는다. 그러나 불안과 관련된 특질의 7퍼센트에서 9퍼센트까지의 유전적 변이는 두뇌의 화학적 세로토닌의 차원에 영향을 주는 특정 유전자가 그 원인이라고 할 수 있다.[16]

어떤 특질들이 유전 가능한 요소를 가진다는 것은 유전자가 뇌 발달 및 개인의 기질을 관리하는 두뇌 시스템과 관련되어 있다는 것을 의미한다. 사람들의 기본 기질은 심리적 상황들이 드러날 때 그들의 감정을 좌우하며, 사건들을 해석하는 경향성을 보여 준다. 이런 식으로, 유전자는 정신적 삶에서 역할을 담당한다. 이것은 유전자가 우리의 모든 움직임, 사고, 그리고 반응을 결정한다는 의미가 아니라 우리 행위에 영향을 미치는 특질들을 물려받는다는 의미일 뿐이다. 한 부부가 운 좋게도 그들의 아기가 가지길 원하는 기질의 유전자를 얻는다면, 동시에 모든 이가 싫어하는 기질의 유전자 또한 얻을 수 있다. 또, 셋째 법칙은 바람직한 유전자를 가진다고 해도 변이가 있을 수 있는 충분한 여지를 보여 준다.

■ **둘째 법칙: 유전자가 우세하다**

행동유전학의 둘째 법칙은 가정환경의 영향이 유전자의 영향만큼 크지 않다는 것이다. 즉 공유된 환경이 미치는 영향—부모가 주는 좋은 음식, 형제들과의 즐거운 시간들 그리고 아버지의 재치있는 이야기—이 공유된 유전자가 주는 영향만큼 크지 않다는 것이다. 스티븐 핑커에 따르면 '어른 형제자매들은 그들이 함께 성장하든 떨어져 성장하든 유사하다…… 입양된 형제들은 무작위로 거리에서 골라낸 두 사람들보다 더 유사하지 않다…… 그리고 일란성 쌍둥이는 공유된 유전자의 영향을 볼 때 사람들의 기대보다 더 유사하지 않다."[17]

가정환경(형제 간에 공유되는 환경의 부분)은 단순히 작은 역할만 할 뿐이다. 우리가 어떤 사람이 되는지를 형성하는 데 주요한 역할을 하는 것은 우리가 공유하지 않는 환경이다. 선호하는 특질을 고르는 부부는 그들이 가진 유전자에 있는 모든 좋은 것을 발견할 수 있을 텐데, 만약 아이가 나쁜 사람들과 어울린다면 그 부부의 설계는 실패로 돌아갈 수도 있다.

■ 셋째 법칙: 유전자로는 설명할 수 없는 부분

자, 이제부터 흥미로운 부분이다. 일란성 쌍둥이가 함께 성장해도 그들이 100퍼센트 동일하지 않다는 점을 기억하자. 무언가가 행동에 영향을 미치는 것이다. 이 지점이 바로 행동유전학의 셋째 법칙이 적용되는 지점이자, 우리 삶의 설명할 수 없는 부분이 작동하는 지점이다. 이 법칙이 보여 주는 것은 유전자와 공유된 환경의 영향이 설명되더라도 행동 변이의 약 50퍼센트는 설명되지 않은 채 남는다는 점이다.[18] 형제자매 간에 공유된 환경은 문제가 아니지만(둘째 법칙), 형제자매들 간에 공유되지 않은 환경은 문제가 되는 것 같다.

한 가족의 두 아이 중 한 아이의 또래 집단은 긍정적일 수 있지만 또 다른 아이의 또래집단은 부정적일 수 있고, 이 다른 상황들은 두 아이의 발달과 성숙에 엄청난 영향력을 미친다. 이 주장을 지지해 주는 증거는 사람들의 말투가 거의 항상 그들의 유년기 또래들의 말투와 유사하지, 부모의 말투와 유사하지 않다는 것이다. 입양된 어린이들은 입양된 나라의 언어뿐만 아니라 문화도 획득한다.[19] 또 유년기의 흡연과 범죄 성향은 부모의 영향보다는 또래집단의 영향을 더 많이 받는다.[20]

그래도 여전히 또래집단만으로는 행동 변이의 나머지 50퍼센트를 모두 설명할 수 없다. 실제로 한 연구는 가족과 공유되지 않는 환경이 2퍼센트만을 설명한다고 지적한다.[21] 그러면 나머지 48퍼센트는 어떻게 설명할 수 있을까? 버지니아 대학교의 에릭 투르크하이머와 메리 왈드론은 그것이 "사고, 병 혹은 다른 외상들 같은 비체계적이고 색다른 뜻밖의 사건들"이라고 한다.[22] 스티븐 핑커는 설명되지 않는 변이는 두뇌 조합에 있어 우연적인 사건이나 "운명"—제어 불가능한 운이라는 의미에서—으로 설명할 수 있다고 믿는다.[23] 예일 대학교를 졸업한 부부가 이런 것들을 어떻게 계속 통제할 것인가? 그들은 할 수 없다. 자동차의 범퍼 스티커가 말해 주듯, 실수는 일어난다.

전반적으로 유전자와 환경의 상호 작용이 현재의 우리를 만든다. 유전자는 골격을 구성하는 재료일 뿐이고, 미세한 세부사항은 환경과의 상호 작용에 의해 조율된다. 인간 종에 대한 유전적 서술만으로는 인간을 묘사할 수 없다. 우리가 배아를 위해 유전자를 선택할 수 있게 되더라도, 배아가 난자, 정자와 구분되듯 인간의 복잡한 조직 구조는 단순한 배아 하나의 조직 구조와 구분된다.

무엇이 두려운가?

여기서 우리는 세련된 결정을 내리는 데에 필요한 정보들을 가지고 윤리적 문제의 중심부에 서 있다. 유전학의 위대한 발전을 보여 주는 유전자 지도 햅맵을 비롯한 다른 기술들은 유전적 향상이 상대적으로 이른 시기에 가능하게 된다는 것을 보여 준다. 유전자를 집어넣어서 지능을 더 우수하게 만들거나 가장 우수한 지능 유전자를 선택할 수 있는데, 그렇게 하지 않을 윤리적 이유라도 있는가? 핑커처럼, 우리는 그런 것들이 가능하지 않을 것이라고 믿을 수도 있다. 신경 발달에 관한 상세한 사실들이나 '부자연스러운' 것들(핵 발전소나 유전자 변형 식품)에 대한 혐오를 생각하면 최신 유전학을 이용하기가 꺼려질 것이다. 우리가 해서는 안 될 것을 막는 초대행자의 윤리적 함의가 염려스럽다면 샌델의 견해에 동의할 수도 있다.

인간 초대행자에 대한 낙관적 견해가 타당한지를 검토하려면 착상전 유전진단이 성별 선택의 문제를 어떻게 해결하는지를 한걸음 물러나 바라볼 필요가 있다. 전체적 규모로 보면, 개인적 선택으로 만들어진 성 비율이 사회 집단이나 국가의 성 비율을 변화시키게 되면 공적인 문제가 된다. 여성보다 남성의 수가 더 많아지면 사회 구조가 변한다. 최근의 한 보고서는 이 상황을 다음과 같이 요약했다. "일반적으로 소녀와 소년의 비율이 소녀 100명 당 소년 106명을 초과하게 되면 성별 통제를 하는 증거로 볼 수 있다. 오늘날 세계 곳곳의 편향된 성의 예들은 다음과 같다. 베네주엘라의 성비는 107.5이고, 유고슬라비아는 108.6, 이집트는 108.7, 홍콩은 109.7, 대한민국은 110, 파키스탄은 110.9, 인도의 델리는 116, 중국은 117, 쿠바는 118, 카프카스 지역 국가인 아제르바이잔, 아르메니아 그리고 조지아는 120으로 가장 높다."[24]

중국에서는 현재와 같은 성비가 지속될 경우 20년 내에 결혼 적령기의 여성보다 결혼 적령기의 남성이 1500만 명이나 더 많게 된다고 예측했다. 문제는 성비의 균형이 이렇게 깨지면 더 공격적인 사회가 된다는 것이다. 결혼과 가족이라는 사회화 작용 없이 남성이 추위 속에 남겨져 좌절하게 되면 폭력적으로 변할 수 있다. 따라서 남아 선호라는 개인적 결정은 결국 사회적인 걱정거리를 만들어 낸다.

우리는 사회적 동물이다. 우리는 자연세계라는 제한 안에서 어떻게 살고, 진화하고, 번성할지를 고민해 왔다. 성비의 단순한 변화가 우리 사회의 구성과 심리 상태에 영향을 미치므로, 우리가 생각하는 것보다 더 큰 사회적 함의를 가진다는 것이 명백해졌다. 무서운 생각이지만, 거대한 공공 비용이 초래되는 상황까지 가면 개인적 판단의 자유는 더 이상 남아 있지 않을 수 있다. 이것은 환경 문제와 유사하다. 한 선원이 요트 밖으로 쓰레기를 던지는 것은 문제가 안 된다. 그러나 100만 명의 요트 주인들이 모두 그런 행동을 하면 큰 문제가 된다. 현대의 선원은 이것이 문제가 된다는 것을 배웠고, 바다에 쓰레기를 좀처럼 던지지 않는다.

이런 종류의 사회적 자각을 성별 선택 같은 문제들에 적용하는 것은 위험하다. 공공 정책과 관련이 되면 성별 선택이라는 개인적 자율성은 도덕적이고 윤리적인 문제가 된다. 그래도 재생산 기술의 이런 측면을 담당하는 전문가 공동체는 분별 있는 반응을 한다. 흥미롭게도 많은 의사들과 보건 정책자들은 정부의 지시를 기다리지 않고 자체적으로 규칙을 만들어 왔다. 그들은 자신들의 윤리적 감각을 제외하고는 어떤 실제적인 기준 없이 규칙들을 만든다. 예컨대, 마이크로솔트 사는 새로운 기술로 특정 성별을 만들 수 있는 정자를 공급하는 작은 생화학 회사인데, '가족 균형'이라는 원리를 적용함으로써 둘째 아이를 위한 서비스만을 제공하고 첫째 아이를 위한 서비스는 제공하지 않을 것이라고 한다.

이런 규칙들은 분별력 있는 것이고, 새로운 기술들에 우리가 합당하게 반응한다는 것을 보여 준다. 게다가 새로운 테크놀로지에 가장 가까이 있는 사람들은 분별력을 가지고 즉각적으로 반응한다. 결국 더 큰 사회적 선이 우세하게 된다. 이것은 성별 선택이나 전 세계적인 남아선호에 대한 사회적 반응 같은 문제를 고려할 때 더 분명해진다. 사적인 결정은 공적인 문제를 만들어 낸다. 성별 선택은 개인적 결정에 불과한 것 같지만 큰 사회적 영향을 미친다. 이렇게 되면 우리의 사회적 감각은 어지럽혀지고 우리는 우리의 개인적 결정을 조정하기 시작한다.

전망

《애틀랜틱 몬스리Atlantic Monthly》에 실린 어느 논문에서, 샌델은 분자생물학자이자 DNA 구조의 공동 발견자인 제임스 왓슨을 인용한다.

"만약 당신이 어리석다면, 나는 그것을 질병이라 부를 것이다"라고 왓슨은 최근《런던 타임스》에서 말했다. "심지어 초등학교에서조차도 실제로 어려움을 겪는 하위 10퍼센트의 학생들, 그 원인은 무엇인가? 많은 이들은 다음처럼 말하고 싶을 것이다. '음, 가난 같은 그런 것들이겠지.' 그렇지 않을 수도 있다. 그래서 나는 하위 10퍼센트를 돕기 위해 그것을 제거하고 싶다."

전반적으로 왓슨은 유전적 향상을 자유롭게 선택할 수 있어야 한다고 믿는다. 샌델이 쓴 것처럼 "수년 전에 왓슨은 동성애 유전자가 발견될 경우 여성은 태아를 중절할 자유를 가져야 한다고 해서 논쟁을 불러일으켰다. 그의 언급이 소란을 일으켰을 때 그는 동성애자들을 골라 내려는 것이 아니라 다음과 같은 원리를 주장하는 것이라고 대답했다. 여성은 유전적 선호를 이유로 낙태를 하는 데 자유로워야 한다—예컨대, 만약 어린이가 난독증에 걸렸거나 음악적 재능이 없거나 농구를 하기에 너무 작다면."[25]

우리는 어떤 이유로든 부모들의 유전 기술 사용을 옹호하는 세계적인 생물학자들 중 하나를 곁에 두게 되었을 뿐만 아니라 전 세계 사람들이 성 선택을 활발하게 사용—여러 가지 이유로 세계의 유복한 국가의 여성 클리닉에서는 일상적인 일이 될 것이라 의심치 않는다—하게 되었다.

다시 말해 유전적 가능성을 만들어 내고 선택하는 냉혈한 과정인, 우생학이 다시 돌아온 것이다. 나치는 유전학적 아이디어에 편승해서 우생학을 악명 높게 만들었는데, 만약 현대에도 그런 선택이 자유롭다면 우리 자신의 미래를 미리 앞서서 만들어 나가야 한다. 결국 그런 선택은 질병이나 기능 향상에 대한 미래를 내다보는 지력brainpower을 사용하는 우리 자신의 창안물이다. 나의 스승이었던 캘리포니아 대학교 산타크루즈 캠퍼스의 뛰어난 분자생물학자이자 전 총장인 로버트 센스하이머는 35년 전에 우생학에 대해서 다음과 같이 말했다. "예전의 우생학은 적자 번식을 위한 계속적 선택과 부적격자 도태의 과정을 필요로 했을 것이다……. 새로운 우생학은 원리상 가장 높은 유전적 기준에 부적합한 모든 이들의 개종을 허용하게 될 것이다."[26]

샌델은 이 내용들을 언급했지만 어느 것도 그에게는 만족스럽지 못했다. 샌델은 생명을 더 큰 맥락에서 본다. 즉 불완전하고 오류가 있고 예측 불가능한 것들을 수용해서 더 세련되고 더 매력적인 측면들을 만들어 내는 진화된 사회의 맥락에서 생명을 본다. 그는 부모가 아이들에게 주는 두 종류의 사랑—'자발적unbidden' 사랑과 '변화시킬 힘이 있는transformative' 사랑—에 대해 이야기하는 신학자 윌리엄 메리를 자주 인용한다. 자발적 사랑은 아이의 현재나 미래의 모습과 상관없이 주어지는 종류의 사랑이다. 변화시킬 힘이 있는 사랑은 아이들이 최선을 다할 수 있도록 돕는 종류의 사랑이다. 어린이들이 설계의 산물일 뿐이라면 자발적 사랑이라는 본질적 개념은 더 이상 살아남을 수 없다.

나는 우리가 미래를 향해 비틀거리며 나아가는 데 필요하다고 샌델이 제시한 주의사항들에 동의한다. 거대한 사회적 실험—아마도 인간 본성에 대한 건전한 과학과 이해에 기반을 둔—은 공산주의부터 나치즘까지 모두 크게 실패했다. 진화된 인간 조직을 함부로 주무르는 것은 불장난을 하는 것이다. 그래도 나는 우리가 이 문제를 해결할 수 있다고 믿는다. 결국 우리 인간은 어떤 것이 정합적이며 선이고 유익한지를 알고 있으며, 그것에 쉽게 적응하고, 항상 특정 비율로 존재하는 어리석고 자기 과장적인 행동들을 포기하는 데 익숙하다.

유전적 향상에 대해 본능적으로 가지게 되는 우려는 유전공학이 나타나면서 우리가 점점 어떤 종류의 거대한 비인간화에 말려들게 된다는 것이다. '비인간화'란 무엇인가? 우리는 인간이 된다는 것의 바로 그 본성—즉 뭔가를 하는 새로운 방식을 발견하고 생각하고 이해하는—때문에 존재하는 관례에 대해 이야기하고 있다. 그러면 뇌와 관련된 기술을 이용하는 것이 어떻게 '비인간화'인가? 이 기술이야말로 궁극적으로 인간적인 기술이 아닌가? 아니면 유전공학은 인간이 만들었지만 단호하게 다시 사용하지 않는 원자폭탄과 유사한가?

우리는 위대한 지성적 작업을 수행할 수 있고, 행동을 취할 수 있다. 우리는 항상 새로운 것들을 발견해 새로운 정보에 적용하고,

반응을 고려해 그다음을 진행한다. 내 생각에는, 초대행자에 대한 두려움은 잘못된 것이다. 전체로서의 사회는 새로운 지식을 분별 있게 사용하는 것 같다. 모든 것은 남용되기 마련이다. 하지만 대다수의 사람들은 분별있는 행동을 한다. 나는 착상전 유전진단이 심각할 정도로 터무니없다고 믿지 않으며, 신생아로부터 질병을 제거할 수 있는 장점이 남용이 일으킬 문제보다 더 중요하다고 믿지도 않는다. 착상전 유전진단은 더 똑똑한 아이를 선택하기 위해 사용되지는 않을 것이다. 사람들이 시도하기를 원하지 않아서가 아니라, 심리학적 발달의 본성과 메커니즘에 대해 아는 바에 따르면 유전자가 완전히 숙명을 결정하지는 않기 때문이다. 유전적으로 구성된 아이가 독자적이고 예측 불가능한 방식으로 환경과 상호 작용을 하고 난 후에야 성인의 정신 능력에 도달한다는 것을 알게 되면, 특정한 특질을 선택하는 것은 삶의 역사에서 작은 부분일 뿐이다.

'초대행자'는 우리의 뇌가 우리 자신에게 준 것이거나 적어도 뇌가 마음을 가능하게 한다고 우리가 희망하는 것—결정을 내리고 우리의 운명을 조절하는 능력—이다. 우리는 생각하고, 자유롭게 행위하고, 미리 결정된 로봇처럼 되지 않는 능력이 우리를 독자적인 인간으로 만든다고 믿는다. 우리는 할 수 있다고 생각되는 무엇이든 하는 데 자유로워야 한다. 이것이 과학적 탐구의 본성이다. 타고난 도덕–윤리 체계를 강화해서 우리 자신을 너무 멀리 나아가지 않게끔 하자. 지금까지 우리는 결코 우리들 자신을 전멸시키는 데까지는 가지 않았다. 나는 무엇이 궁극적으로 우리 인간 종을 위해 좋은 것이고 나쁜 것인지를 우리가 항상 알 수 있을 것이라 확신한다.

제4장

뇌를
훈련시키다

미국 대학 농구 결승전을 시청하고 있다고 상상해 보자. 경기
종료가 3초 남았고 현재 양 팀은 동점이다. 그런데도 긴장감이 거
의 없다. 수퍼 조가 자유투를 던질 준비를 하고 있기 때문이다. 수
퍼 조는 뛰어난 심장 성능을 가능케 하는 유전자를 이식받았고, 그
의 손과 발을 조절하는 운동피질은 약물을 통해 인공적으로 확장되
었다. 그가 생각하고 있는 것은 나이키 스폰서가 아니라 신경향상
성 약품이 얼마나 효과가 있는지를 자랑하는 와이어스Wyeth 사와 호
프만 라로슈Hoffma La Roche 사의 로고가 들어간 티셔츠를 입는 것이
다. 시합은 수퍼 조가 99.9퍼센트 성공률을 자랑하는 슛을 할 것이
기 때문에 이미 끝난 셈이다.

누가 승리의 슛을 할 기회를 가지게 되겠는가? 그의 부모가 준
DNA를 가지고 하루에 12시간 동안 심장이 터지도록 연습하지만

80퍼센트의 성공률을 보일 뿐인 자연인인가, 아니면 향상된 신체 기능을 가진 수퍼 조인가? 우리는 결단과 근면함으로 연마된 테크닉에 상을 줄 것인가, 아니면 유전 조작과 기능 향상으로 만들어진 테크닉에 상을 줄 것인가?

자연인 조의 슛은 본질적으로 더 매력적인 무언가가 있다. 우리는 '록키Rocky'나 랜스 암스트롱처럼 열심히 노력해서 승리하는 사람을 응원하고 싶어 한다. 그러나 동일한 성과가 약물의 도움을 받아 성취되었다면 무언가 잘못된 것 같다. 암스트롱이 스테로이드제를 사용했다는 혐의를 둘러싼 소란을 보라. 기능을 향상한다는 것이 무엇이 잘못된 것인가?

첫째, 우리가 반대하는 것은 기능 향상이 전부가 아니다. 약물 향상제가 신체 기능의 향상이나 정신 기능의 향상에 대해 일반적인 윤리적 문제를 제기한다는 것은 잘 알려진 가정이다. 만약 이 가정을 액면 그대로 받아들이면 문제는 똑같아 보일 것이다. 기능 향상은 음악홀, 운동장, 혹은 교실에서의 활동 능력을 증진시키는 것이다. 육체적 테크닉이나 정신적 테크닉이 향상되는지의 여부와는 상관없이, 확실치는 않지만 그런 약물의 안전성을 그저 가정하면서 한 사람의 자연적 상태를 향상시켜 부당한 이익을 취하는 게 옳은지에 관한 문제가 우리를 괴롭힐 것이라 생각할 것이다. 좀 더 깊이 들어가면, 신체적 기능 향상제보다는 정신적 향상제(다음 장에서 논의할)에 대해 더 관대하다는 문제가 나온다. 어떤 문제는 겹치지만, 어떤 문제는 구분된다.

내게 있어 가장 중요한 것은 속임수cheating에 대한 것으로, 어떻게 신체적 기능 향상제로 혹은 더 좋은 기억력이나 더 빠른 정신 기능을 만들어 낼 수 있는 향상제로 사회적 부분에서 속임수를 쓸 수 있느냐이다. 정신적 기능 향상제는 자연적으로 쇠퇴하는 과정의 불가피성을 기만하는 것이고, 처음 가졌던 유전 능력에 대해 나쁜 종류의 주사위 놀이를 하는 것이다. 그래도 여기서 개인적인 현상적 자각에 대한 자기 자신, 믿음, 그리고 감각의 '중심'은 변하지 않는다. 왜 우리는 일부 아이들이 리탈린ritalin을 복용하고서 대학입학 자격시험을 치르는 것에 대해 걱정해야 하는가? 왜 우리는 표준적인 시험을 치를 때 카페인 섭취를 조절하거나 미리 약물 테스트를 하지 않는가? 우리는 이미 우리보다 더 똑똑한 사람들이 뒤떨어지고, 덜 똑똑한 사람들이 앞서 나가는 세계에 살고 있다. 우리가 어떤 이의 정신 기능을 조절한다 해서 그 사람의 수명을 변화시키지는 않을 것이다. 그것은 모두 개인적인 것이고 내가 관여할 일은 아니다.

다른 한편, 어떤 사람을 더 나은 운동선수나 연주자로 만드는 신체 기능 향상제는 공적·사회적 함의를 지닌다. 개인들이 이런 영역들에서 기능 향상제를 사용할 때 모든 사람이 규칙을 충실히 지키는 것은 아니다. 게임이나 오케스트라에서 경쟁을 할 때 목표는 분명하고 규칙들은 상호적인 것으로 간주된다. 정당하지 않은 수단으로 목표를 성취하면 본래의 절차가 파괴되고 전체 활동을 약화시킨다. 어쨌든 신체 기능의 향상은 정신 기능의 향상보다 더 많은 사회적 함의를 가진다. 만약 신체적 기능 향상제가 허가된다면, 약물학적인 확대 경쟁이 계속 발생하고 경쟁 논리는 중립화될 것이다. 그

것은 이제 하나의 흥행물처럼 될 것이다.

그래서 정신적 향상과는 달리 신체적 향상에 대해 이야기할 때에는 그 외의 것을 언급하게 된다. 쇠퇴해 가는 기억을 돕거나 심지어 정상적 기억을 향상시키는 것도 괜찮다. 이런 향상은 정신적 삶의 기본 구조를 돕는 것일 뿐 정신적 삶 그 자체를 변화시키지는 않는다. 우리는 건강한 심장혈관을 유지하기 위해 운동하는 것은 문제 삼지 않는다. 그래도 신체를 변형시켜서 정상적인 신체 능력을 넘어선 테크닉을 만들어 내는 것은 부당하거나 기만이라고 생각한다. 이런 생각을 보려면 2004년 올림픽 관련 뉴스를 읽기만 하면 된다. "우리는 공정하게 이겼다!"는 메시지는 대부분의 선수들과 팬들이 원하는 바이다. 신체적 기능 향상과 관련된 윤리를 탐구하려면 전문적인 기술 뒤에 숨겨진 신경과학적 지식을 아는 것이 중요하다. 그것이 운동 경기든 음악이든 춤이든, 새로운 자동 기술의 획득을 정당화하려는 싸움은 '자연적으로' 스포츠, 음악 혹은 춤에 타고나는 사람들이 있다는 사실과 대조적이다. 어떤 사람은 마이클 조던의 기량을 타고난 것으로 본다. 그는 물론 연습을 하긴 하지만 기본적으로 기량이 뛰어나다. 이것은 그의 유전자에 있는 것이다. 다른 심리학자들은 연습이 유전적인 결함을 나아지게 할 거라고 주장한다. 그러나 두뇌 연구는 수퍼스타를 만들기 위해 연습 자체를 발전시키는 새로운 방식의 가능성을 보여 준다. 알약을 먹고 연습하면 당신의 상태는 더 좋아지고 바라던 기술을 더 빨리 익힐 수 있을 것이다. 이것이 뭐가 잘못되었는가? 만약 건강상의 어떤 위험도 없다면 화학약품을 통해서 더 낫게 살지 않을 이유가 없지 않은가?

그런 약물들은 굳이 당신의 유전자 안에 있을 필요가 없다. 알약을 복용하거나 극단적으로는 유전자를 바꾸면 당신도 마이클 조던이 될 수 있다!

신경과학은 학습과 수행이 뇌 안에서 생성되고 촉진되는 수많은 메커니즘들을 보여 준다. 이 메커니즘을 알면, 약물이 정상적인 기량을 향상시키기 위해 어떻게 조작 기능을 수행하는지를 쉽게 상상할 수 있을 것이다.

조니가 훌륭한 쿼터백이 되도록 해줄 약과 훈련의 상호 작용을 검토하기 전에, 후보 선수 조니가 주전으로 올라가는 데 추가 훈련이 어떤 영향을 미치는지부터 검토해 보자. 충분히 발달된 뇌뿐만 아니라 발전하고 있는 두뇌와 훈련이 상호 작용하는 복잡하고 중요한 방식을 파악하는 것은 중요하다. 우리는 더 강한 주장들도 검토할 것이다. 더 강한 주장이란, 훌륭한 심리학자와 많은 훈련은 누구든 어떤 모습으로도 변화시킬 수 있다는 주장이다. 앞으로 보게 되겠지만 어떤 과학자들은 약물로 시스템을 기만할 필요는 없다고 믿는다. 훈련만이 당신을 카네기 홀에 오르게 할 수 있고, 유전적으로 뒤처져 있어도 훈련을 통해 뛰어나게 될 수 있다는 것이다.

재능은 타고나는 것인가 훈련하는 것인가

전문적 운동선수나 음악가가 되려면 그 외에 무엇을 하든 오랜 시간의 훈련이 필요하다. 뛰어난 농구 선수나 바이올린 연주자가 된다는 것은 정말로 특별하고 유일한 마음과 몸의 상태를 가진다는 것이다. 그러나 위대한 운동선수나 음악가들과 보통으로 우수한 운동선수나 음악가들이 단지 훈련량으로만 구분될까? 아니면, 유전적 특질들이 운동 능력이나 음악적 기량을 가지게끔 신체와 뇌에 영향을 주는 것일까?

캘리포니아 대학교 버클리 캠퍼스에 있는 리처드 아이브리는 타고난 성향보다는 훈련이 기량을 완벽하게 만든다는 견해를 지지한다. 그는 포부가 있는 사람들은 어떤 특별한 도움—유전적이거나 약물적이거나 아니면 다른 방식의—이 필요 없다고 느낀다. 최근 그는 자신의 견해를 나에게 다음과 같이 설명해 주었다.

화려한 이력을 쌓은 뛰어난 성취가들에 대한 연구는 놀라운 결론을 보여 줍니다. 엘리트적인 성취는, 강하고 힘든 훈련에서 나오며, 앞서 가는 이들은 많은 시간을 창조적으로 훈련하기 위해 동료들보다 더 적극적입니다. 재능을 만들어 내는 것은 그들의 추진력입니다. 만약 마이클 조던이 어렸을 때 물리학에 관심을 가졌다면 그는 그 분야에서 훌륭하게 성공했으리란 것을 의심치 않습니다. 노벨상은 그의 여섯 번의 챔피언 트로피를 대체할 다른 길이 되었을 것입니다.

아이브리의 이러한 선동적인 주장은 숙련된 운동선수나 음악가들의 기준에 대한 탄탄하지만 논쟁적인 실험에서 나온다. 플로리다 주립대학교 앤더스 에릭슨의 연구는 훈련의 중요성을 보여 준다. 그는 어떤 사람의 훈련 시간은 작업의 능숙도와 관련성이 있다고 주장했다. 이것은 피아노 연주부터 담배 제조까지 어떤 것에든 적용된다. 더 많이 훈련할수록 더 훌륭해지고 전문가가 될 수 있다.

이 연구들은 인상적이지만 상호 관계와 인과 관계를 혼동하는 기본적인 오류를 종종 범한다. 에릭슨의 보고에 따르면, 일생동안 피아노를 더 많이 연습한 어린이들은 피아노를 더 잘 연주하게 된다. 그러나 그 어린이들이 처음부터 피아노를 더 잘 연주했기 때문에 훈련이 강화되어서 더 많이 연습하게 된다는 것도 말이 된다. 집단들의 '자기-선택self-selection'은 이 문제를 인과적 맥락에서 이해하기 어렵게 만든다. 타고난 능력과 연습은 어떤 식으로든 둘 다 필요하다.

최근의 어느 연구는 이 두 측면들을 모두 잘 강조한다. 전문 음악가들 다수는 절대음감을 가지고 있는데, 들려오는 음조(예컨대, A#이나 C)를 정확히 읽거나 그 음조를 스스로 만들어 내라고 하면 특정 음조로 노래할 수 있다. 절대음감을 가지고 있는 음악가들의 뇌는 좌측두면left planum temporale이라고 불리는 영역이 가장 크게 활성된다고 한다. 절대음감의 환상적 특징은 그것이 유전적 기반을 가지면서도 발달적이라는 점이다. 절대음감은 주요 시기에 발달한다. 초기(7세 이전)에 음악 교육을 시작하지 않으면 절대음감은 발달하기 어렵다.[1] 캘리포니아 대학교 샌프란시스코 캠퍼스의 시아막 바할루와 그의 동료들은 이 생각에 동의했지만, 어린 시절의 음악 훈련이 반드시 절대음감을 발달시키는 것은 아니라는 사실도 보여주었다. 그들은 훈련보다는 유전적 요인들이 절대음감을 발달시키는 데 더 필요하다고 주장한다. 2000년 바할루는 절대음감이 혈통으로 내려오는 것이고, 유전자를 통해 전해지기 쉽다고 보고했다.[2] 따라서 절대음감은 유전자, 연습, 어린 시절의 연습이 조합되어 생기는 것 같다.

아이브리의 대담한 결론은 믿기 어렵다. 전문가들도 많은 훈련을 필요로 한다는 사실은 분명하지만, 다른 요인들 또한 작용하는 것 같다. 지난 세기의 선두적인 바이올리니스트들 중 한 명인 아이작 스턴은 텍사스 플레이보이The Texas Playboy라는 컨트리 웨스턴 스윙 밴드의 바이올린 연주자인 밥 윌스가 가지지 않은 측면을 가지고 있다. 그리고 레리 버드는 우수한 운동선수이긴 하지만 마이클 조던과 똑같지는 않다. 스턴과 윌스, 그리고 버드와 조던은 경력상 비교될 만한 양의 훈련을 했지만 그밖의 무언가가 스턴과 윌스를, 그리고 조던과 버드를 구분 짓는다.

많은 연구자들은 운동신경과 음악성은 유전적이라고 믿는다. 이것이 의미하는 것은 스턴에게 주어진 유전자 안의 어떤 것이 훈련과 결합되어 그를 전문가로 만든다는 것이다. 대뇌피질의 어떤 유전적 요소가 독자적인가? 스턴의 유전자는 음악을 더 잘 처리하게 하는 뇌나 능숙한 손재주를 가진 몸을 만들어 내는가? 조던의 유전자는 조던에게 더 좋은 공간 능력을 가진 뇌나 더 많은 백혈구 세포를 지닌 더 큰 근육을 가진 신체를 가지게 하는가? 스턴과 조던이 가진 강점은 뇌에서 발견되는가, 아니면 몸에서 발견되는가, 아니면 이 둘의 조합에서 발견되는가?

훈련은 분명 전문가가 되는 데 큰 역할을 한다. 그런데 다른 요소 또한 한 사람의 기본 생태에 영향을 준다면 약물이 생물학적 강점을 만들어 내는 뇌에 영향을 주는지를 고려해 볼 수 있다. 우리가 직면하고 있는 사실은 약물이 훈련의 가치를 약화시킬 무기일 뿐만 아니라 신체적인 신경체계를 해롭게 하는 장기적 결과를 낳는다는 점이다. 어떻게 이것이 운동 분야에서 설명되는지를 보자.

엘리트 운동선수는 타고난 능력과 양질의 훈련으로 다른 이들보다 앞서갈 수 있는 사람이다. 많은 위대한 운동선수들이 엘리트가 된 것은 부분적으로는 빠르게 씰룩거리는 근육 섬유를 더 많이 가지거나 비정상적인 다리와 몸통의 비율, 더 크거나 작은 신체, 혹은 산소를 운반하는 능력이 더 좋은 적혈구 세포를 가지는 등과 같은 유전적 행운 덕분이다. 투르 드 프랑스에서 다섯 차례나 우승한 랜스 암스트롱과 같은 선수는 보통으로 우수한 선수들과는 신체적으로 다르다.[3] 암스트롱의 근육은 적절하게 만들어져 있고, 그의 다리는 윗부분과 아랫부분의 뼈 길이의 비율이 달라서 페달을 밟을 때 더 큰 회전력을 가질 수 있으므로 자전거를 더 빨리 몰 수 있다. 또, 다른 종류의 뇌를 가진 것도 차이라고 할 수 있다. 예컨대 엘리트 선수들은 우수한 공간 지각 능력이나 몸의 움직임을 쉽게 조화시키는 일을 담당하는 특정 뇌 영역이 더 잘 활동한다.

출발점이 보통 사람보다 앞서 있는 것처럼 보이는, 생물학적·자연적으로 향상된 운동선수들에 대해서는 아무도 화내지 않는다. 어떤 의미에서 이 운동선수들은 생물학적으로는 표준적이지 않은, 일종의 변종이다. 그래도 그런 운동선수가 많기 때문에 그들은 경쟁한다. 훈련을 통해 더 큰 성공을 이루어 내는 위대한 운동선수들은 또 다른 차원에서 그 전문기술을 끝까지 연마해 낸다. 이것이 우리가 알고 있는 사실들이다.

우리는 전문 음악가가 독특하게 구성된 뇌를 가진다는 것도 안다. 음악 훈련을 시작한 나이나, 훈련 기간, 연주되는 악기의 유형, 그리고 유전적 요인들 모두가 전문 음악가의 뇌 구조나 조직에 영향을 준다는 것도 알고 있다. 우리가 모르는 것은 그런 음악가들의 뇌를 스캔해 보았을 때 나타나는 차이가 음악을 하는 성향 위에 구축되는지의 여부이다.

음악가들은 악기를 연습하느라 많은 시간을 보내고, 이 연습 자체가 뇌 안에 각인된다.[4] 체성감각 피질somatosensory cortex은 운동 피질이 그런 것처럼 각 손가락을 포함한 몸의 각 부분의 정보에 대한 유전암호를 부호화한다. 운동 피질이 몸의 근육 조직에 관한 유전 암호를 부호화하는 반면, 체성감각 피질은 내부 기관의 감각뿐만 아니라 몸의 각 부분의 촉각 및 다른 피부 감각에 관한 유전 암호를 부호화한다는 점에서 다르다. 음악가의 손가락 정보를 부호화하는 체성감각 피질 영역은 음악가가 악기를 연주하기 위해 사용하는 특정 손가락에서 확장된다.[5] 뇌 영상은 현악기 연주자의 왼손에 대응하는 피질 영역이 현을 연주하지 않는 손과 대조적으로 확장되어 있다는 것을 보여 준다.[6] 요약하면, 연습은 특정 움직임을 만들어 내는 것과 관련된 뇌 영역을 변화시킨다.

음악 훈련을 하면 청각 피질도 변한다. 청각 피질은(순수하고 단순한 음질보다는) 풍부한 음질을 처리하기 위해 분화한다.[7] 음악가의 청각 피질은 아주 약간의 음높이 변화를 처리하기 위해서도 분화한다. 이것은 음악가(바이올린 연주자)가 음의 높낮이에 관한 아주 작

은 변화를 감지하도록 돕는 잘 발달되고 분화된 뇌 메커니즘을 가지고 있다는 것을 보여 준다.[8]

초기의 음악적 경험 또한 음악가의 뇌 구조에 영향을 미친다. 1995년에 연구자들은 음악가와 비음악가들 간의 뇌 구조의 차이를 연구하기 위해 비침투적인 자기 뇌 영상noninvasive magnetic brain imaging 기법을 사용했다.[9] 그들이 발견한 것은 7세 이전에 음악적 훈련을 시작한 음악가의 뇌량(두 반구를 연결하는 섬유 다발)의 앞쪽 반 정도가 눈에 띄게 크다는 것이다. 뇌량의 크기와 교차 섬유의 수 간에는 확실한 상관관계가 있었다. 연구자들이 내린 결론은 초기의 훈련이 그런 훈련을 받지 않은 음악가나 비음악가보다 더 많은 교차 섬유를 발달시킨다는 것이다.

사실상, 음악 훈련을 일찍 시작한 전문 음악가들은 비음악가들보다 손 기술을 더 많이 사용할 필요가 없다.[10] 즉 그들이 주로 쓰지 않는 손은(그들 중에는 양손잡이가 많다) 유년시절 이후에 훈련을 시작한 음악가나 비음악가보다 더 숙련되어 있다. 이렇게 양손을 사용하는 기술의 비대칭성은 음악적 훈련의 기간보다는 훈련이 처음 시작된 시기와 관련이 있는데, 이는 뇌가 성숙하는 결정적 시기critical period가 있다는 것을 보여 준다.

이런 발견은 삶의 후반부에 수행을 향상시키는 데 필요한 모든 것들을 보여 준다. 음악 훈련 10년을 뇌 향상 치료 10분으로 대체할 수 있다고 상상해 보라. 그런 테크놀로지가 존재하면 뇌 향상 치료가 음악 분야에 영향을 주게 될까? 음악가들은 운동선수들이 스테로이드제를 복용해서 인공적으로 기량을 향상시킨 것처럼 인공적으로 실력을 향상한 역사가 없다. 그래도 어렴풋하게 향상을 시킬 가능성은 있다.

신경과학의 발달이 운동이나 음악적 재능에 어떻게 이득을 줄 수 있는지를 우리는 지켜볼 준비가 되어 있다. 그 이득들은 사회적 맥락, 즉 개인의 자기 이미지self-image뿐만 아니라 다른 이들의 자기 이미지나 목표에 영향을 주는 경쟁적 환경에서의 이득이다. 이는 한 개인이 그것을 잘 사용하거나 잘못 사용하는 것을 넘어서는 문제이다. 쿼터백인 조니의 행위는 운동을 하거나 음악을 하는 무리들과 나의 사회적 계약에 영향을 준다. 이런 종류의 인공적 향상이 가능하다는 것이 실제로 참인가? 아니면, 윤리학자들이 논쟁을 불러일으키려고 사용하는 극단적이고도 가능성이 낮은 또 다른 '인간 침팬지' 같은 사례일 뿐인가?

뇌 가소성을 자극하는 약물

축구부터 바이올린까지 어떤 종류의 기량을 증진시킬 목적을 가지고 약물로 뇌를 조작한다면 어떨까? 나는 여기서 스테로이드나 근육 강화제 혹은 체력 회복제를 이야기하는 것이 아니다. 다음을 생각해 보자.

반복 훈련으로 얻어진 자동 기술은 뇌에 뚜렷하고 측정 가능한 방식으로 영향을 미친다. 예컨대, 특정 팔다리를 광범위하게 훈련해서 운동 피질이 재구성되면 훈련된 팔다리가 선호된다.[11] 흥미로운 건, 적은 양의 연습이라도 운동 피질의 신체 표상에 영향을 미친다는 것이다.[12] 미국 국립위생연구소(NIH)에 있는 조지프 클라센과 그의 동료들은 경두개 자기자극술transmagnetic stimulation(TMS)이라 불리는 기술을 사용해서 뇌의 뉴런을 일시적으로 자극했고, 두피의 특정 영역에 대한 자기 진동을 만들어 냈다. 연구자들은 엄지손가락 근육과 관련된 운동피질 영역을 자극해서 엄지손가락의 움직임을 연속적으로 만들어 냈다. 자성체를 진동시킬 때마다 피실험자의 손가락은 비자발적으로 특정 방향으로 움직여지게 된다(자성체의 자극이 반응을 야기하기 때문이다). 이번에는 반대 방향으로(자발적으로) 엄지손가락 운동을 연습했다. 15분에서 30분간 연습한 후, 처음 엄지손가락을 움직이게 했던 동일한 운동 피질 영역에 TMS 진동을 주자 이번에는 새롭게 훈련된 방향으로 엄지손가락이 움직여졌다. 이것이 보여 주는 것은 한 방향으로 엄지손가락을 움직이게 한 동일 영역이 약간의 연습만으로도 새로운 방향으로 움직임 정보를 처리하도록 변경될 수 있다는 것이다. 약물이 이런 메커니즘을 도와줄 수 있다면 어떨까?

미국 국립위생연구소에 있는 로버트 데시먼, 다트머스 뇌영상센터의 스코트 그래프턴, 그리고 워싱턴 대학교의 마르쿠스 라이켈이 하고 있는 영장류 연구는 기량을 훈련하는 동안 뇌 반응이 독자적 패턴을 가지게 된다는 것을 보여 준다. 뇌는 처음에는 한 작업을 수행하는 데 많은 두뇌 세포(뉴런)를 사용하지만, 기술을 익히는 동안 그 기술을 처리하는 데 필요한 뉴런의 수는 점점 감소한다는 것이다. 이 점은 우리가 자전거를 처음 배울 때 작은 바퀴를 달고 연습하다가도 점차 익숙해짐에 따라 그 작은 바퀴들을 없애는 것과 같다. 뇌는 이와 비슷한 방식으로 작동하는 것 같다. 연구자들은 뇌가 어떤 작업을 학습하는 동안 어떻게 필요한 뉴런들을 줄여 나가는지, 어떻게(자전거 타기처럼) 행동이 자동화되는 방식으로 뇌 반응을 단순화하는지를 설명해 준다.

뇌 가소성을 향상시키는 새로운 약물의 도움을 받아서도 새로 익힌 행동에 자동성을 부여할 수 있다. 미국 국립위생연구소에 있는 얼프 지만과 그의 동료들은 사람이 어떤 기량을 획득할 때는 뇌 화학물질인 감마아미노부티르산gamma-aminobutyric acid(GABA)이 감소한다고 보고했다. GABA는 억제제이기 때문에 그 양이 줄어들면 억제가 감소되어 연습 의존적인 가소성과 학습을 증진시킨다. 지만과 그의 동료들은 GABA의 양이 감소하면 가소성이 향상될 수 있다는 것을 보여 주었다.[13] 연습을 통해서 GABA가 감소하면 운동선수들의 운동 피질의 가소성 메커니즘에 도움을 줄 수 있다.

이런 발견들이 운동 능력이나 음악적 능력을 인공적으로 향상시키는 데 어떻게 사용될 것인지를 상상하기란 어렵지 않다. 축구 선수나 바이올린 연주자는 피질 가소성을 극대화시켜 전반적인 운동 기술을 향상시키기 위해 진료소에서 운동 피질에 있는 GABA를 감소시킬 치료를 받을 수 있다. 이것은 정말로 위험한 게임이다. 이런 종류의 메커니즘이 작동한다는 것에는 의문의 여지가 없지만 약물이 끼칠 장기적 결과는 주의 깊게 연구되어야 한다. 기초적인 세포 차원에서 어떤 해로운 변화가 일어날지 아직 알려지지 않았기 때문이다.

이 연구들은 공격을 받고 있으며, 다른 선도적 신경과학자들은 이 메커니즘들이 광범위한 연습을 통해 행동 변화를 만들어 낸다는 점을 믿지 않는다는 사실 또한 지적되어야 한다. 그래도 괜찮다. 이런 것이 바로 과학인 것이다. 점검하고, 또 점검하고, 또다시 점검해서 마침내 동의를 이끌어내는 것이다. 우리가 아는 것은 뇌 구조가 훈련으로 만들어지는 향상된 수행 능력을 표상하는 데 관련된다는 사실이고, 신경화학적이고 유전적인 과정이 그런 뇌 영역을 만든다는 것이다. 따라서 신경과학은 그런 과정이 어떻게 만들어지는지를 생각해 내야 할 것이다.

물론, 약물로 뇌를 조정할 때 느리게 진행시켜야 할 이유들이 있다. 그런 약물에 대한 수많은 안전 테스트들을 미리 시행해 보아야 한다. 현재 행해지고 있는 약물 사용과 그 부작용을 생각해 보라. 예컨대, 파킨슨 병에 대해 L-도파 아미노산으로 치료하면 병의 진전율이 더 빨라질 것이라는 의심이 오랫동안 있었지만 아직 분명하게 증명되지는 않았다. 어떤 생화학적 증거들은 L-도파L-dopa가 흥분성 세포독성효과excitatory cytotoxic effect를 가질 수 있고, 이미 '아픈' 뇌의 도파민 뉴런이 이것 때문에 위험할 수 있다는 것을 보여 준다. 임상 의학자들은 환자들이 병의 진전 초기에 이미 도파 아미노산을 가지고 있었다고 의심하곤 한다. 그러나 이것은 닭이냐 계란이냐의 문제이다. 아마도 환자들은 처음부터 아팠기 때문에 그 약을 더 빨리 복용했을 것이다.

약을 복용했을 때 일어날 수 있는 또 다른 심각한 결과 중 하나는 할돌Haldol과 같은 신경이완제 약물이 지연성 운동장애를 일으키는 예이다. 정신적으로 병들거나 신경학적으로 정상적인 피실험자들은 이 약을 한 번만 복용해도 무도성 운동장애choreiform movement disorder가 발병해서 심각한 도파민 조절 곤란을 겪게 된다. 특히, 그런 징후가 보이고 나서 발병하기까지의 시간이 두드러지게 지연되기 때문에 더 위험하다. 이런 상황은 앞서 이야기했던, 운동 문제에 있어서 페노티아진 유도체 약물로 치료받은 정상적인 피실험자들에게서도 볼 수 있다—단지 한 번만 복용해도 그렇게 된다! 어떤 약을 투약할 때에는 충분히 주의를 해야 하며, 치료약의 부작용은 도움보다는 해악만 준다.

전망

어떤 이는 약물로 뇌를 향상시키는 것에 윤리적 문제가 전혀 없다고 주장할 것이다. 어떤 기술을 20퍼센트나 더 향상시킬 수 있는 초콜릿 우유가 있다고 하자. 이 우유를 마시면 다른 것을 할 수 있는 시간이 더 생기므로 삶이 전반적으로 향상된다. 이 우유를 마시면 어린이들은 축구만 할 수 있는 것이 아니라 바이올린을 배울 시간도 생긴다. 그들이 성장해서 당신의 저녁 모임에 오면 그들은 축구팀 페트리엇과 돌핀에 관해서만 이야기할 수 있는 것이 아니라 모차르트 소곡도 연주할 수 있다. 그 모임을 주재한 당신은 자신이 제한된 재주만 가진 것이 의아할 것이다. 왜 당신 부모는 당신에게 그 우유를 먹이지 않았을까?

혹, 그 우유를 조금이라도 먹었다면 당신이 좋아하는 테니스에 더 능숙해졌을 수도 있다. 당신의 몸에는 어떤 '비용'도 들이지 않고도, 당신은 더 빨리 테니스 선수 피터 샘프라스의 수준에 도달할 수 있다. 더 빠른 속도로 힘 있게 움직이는 것은 기분 좋은 일이다. 이 기능 향상 우유는 당신을 덜 중요한 사람이라고 느끼게 하자 않으면서도 현대 생물학 지식을 사용해서 동시대인들이 하는 것을 할 뿐이라고 느끼게 만든다.

우리 인간은 거의 어떤 것에도 적응하는 것 같다. 우리가 이론을 구축하고 믿음을 발전시키는 방식은 어떤 사회적 혹은 생의학적 발전을 만들어 내게 하고, 그것을 정상적인 것처럼 만든다. 현대의 많은 것들, 비행기, 전자 레인지, 인터넷, 단백질 쉐이크, 비아그라—이름만 대 보라—는 새롭지만 동시에 오래되었고, 이미 받아들여졌다. 19세기에서 20세기로 넘어올 당시 인간의 기대 수명은 약 48세였고, 지금은 거의 그 두 배이다. 우리는 환경에 순응하고 예측한다. 적은 시간에 수행력을 높이는 기술인 향상제를 거부할 수는 없을 것이다. 우리는 그에 적응하고, 새로운 행동 규범을 정하고, 이에 대한 도전의 물결을 기다릴 것이다.

향상제의 발전을 지켜본다고 해서 향상제가 다 좋다는 의미는 아니다. 향상제를 사용하는 것은 모든 것을 같은 수준으로 만든다는 생각의 첫 단계이다. 모든 사람이 평등하게 되는 사회를 추구하는 것의 위험에 대해 쓴 커트 보네거트의 화려한 에세이,《해리슨 버거론Harrison Bergeron》은 훈련과 약물로 사람들을 향상시키는 문제들을 미리 내다보았다.《해리슨 버거론》을 쓸 때 보네거트는 평균 이하인 사람들의 수준을 높이는 것보다는 평균 이상인 사람들의 수준을 낮추어서 같은 수준으로 만들게 되는 것을 생각했다. "서기 2081년, 마침내 만인은 평등해졌다"라고 그는 썼다. "단지 신과 법 앞에서만 평등해진 것이 아니라 사실상 모든 면에서 완벽한 평등을 누리게 되었다. 다른 사람들보다 더 똑똑한 사람도 없고, 다른 사람들보다 더 잘 생긴 사람도 없었다. 아무도 다른 이보다 더 힘이 세거나 빠르지 않았다. 이 평등은 미합중국 수정헌법 제211조, 제212조 및 제213조에 의거하여 실현된 것으로, 오로지 '미합중국 평등 유지 관리국' 요원들의 끊임없는 감시 활동으로 지탱되고 있었다."

보네거트는 실제로는 아무도 원하지 않는 끔찍한 세계를 상상한다. 똑똑한 사람들의 정신이 파괴된 나머지 몇 분도 생각할 수 없는 세계이다. 또 잘생긴 사람들이 어깨 너머로 가방을 걸쳐 매거나 하는 행동으로 평균보다 더 멋지게 보이지 않도록 해야 하는 세계이다. 이 세계는 게리슨 케일러의 《우버건 호수》의 중화된 버전이다. 향상하고 증진시키는 것이 아니라 사람들을 평균으로 납작하게 깎아 내려 평등하게 만드는 세계이다.

만약 훈련과 연습의 향상을 돕는 뇌 보조제가 나온다면, 활동 분야 또한 인공적으로 평균화될 세상이 오는 것은 아닌가? 음악가들, 운동선수들—감각 자동 기술에 있어 전문가가 되려는 거의 모든 사람들—은 탁월성을 얻는 지름길로 가게 하는 향상제를 복용해서 잠재적 이익을 얻을 수 있다.

능력이 평균화된 세계는, 보네거트의 세계에서처럼 그런 상태가 강요되었기 때문이 아니라 시민들이 선택해서 그렇게 될 것이다. 동네의 생의학 진료소에 들러 향상제를 먹고 적극적으로 새로운 경험을 함으로써, 기존의 에너지 소비는 이중 삼중으로 보상받게 될 것이다. 우리는 강점을 얻게 되거나 그 강점과 현 상태의 차이를 메울 것이다.

오늘날 차이의 범위와 한계는 존재한다. 이것이 인간의 현재 조건이다. 앞서 소개한 연구들이 잘 보여 준 것처럼, 열심히 일하고 훈련하면 뇌 보조물 없이도 향상된 기량을 획득할 수 있다. 그리고 열심히 일해서 어떤 기량을 획득한 사람의 성공에 우리는 갈채를 보낸다. 그러나 약물이 개입되면 이런 생각은 접어야 한다. 신체 보조물과 정신 보조물 사이의 구분은 각자의 견해에 따라 다르다. 나는 자동적 기량motor skill을 증진시키는 신체 기능 향상제는 부정행위라고 생각하지만, 어디에 차 열쇠를 두었는지를 기억하게 도울 수 있는 정신 기능 향상제는 괜찮다고 생각한다. 전자의 경우 경쟁자와의 사회적 계약이 깨지지만, 후자의 경우는 그렇지 않다. 우리는 자연인을 응원하면서도 우리 내면의 소리를 조심스럽게 들어야 할 것이다.

제5장

똑똑한 뇌를
만드는 약

인간은 진화가 더 나은 뇌를 제공하기까지 수백 년을 수동적으로 기다리지 않을
것이다.
코넬리우 E. 기우르게아, 1970

훈련으로 뇌 기능이 향상된다는 것은 수긍할 만하다―열심히 노
력하면 목표가 성취되므로. 감각 기관을 효율적으로 움직이게 하
거나 속도를 증진시킬 수 있는 기능 향상제와 관련된 윤리적 문제
는 지능이나 기억 같은 정신 상태의 변화와 관련된 윤리적 문제와
는 그 종류가 다르다. 지능이나 기억을 향상시키면 훈련이 더 이상
필요 없게 되는데, 이 점이 여전히 훈련을 필요로 하는 신체 기능의
향상과 관련된 윤리적 문제보다 더 논의하기 어려운 점이다. 지능
을 향상시키려고 열심히 공부하는 것과 약을 먹는 것 이 두 가지는
서로 다른 문제이다. 이건 공상과학 소설이 아니다. 많은 "똑똑이

약"smart drugs"들이 임상시험 중이고, 5년 내에 시판될 수 있을 것이다. 기억 장애를 가진 환자들에게 현재 공급되는 약들은 기억 장애가 없는 건강한 사람들의 지능을 증가시킬 수도 있다.

정상적인 노화 과정을 경감시키려는 목적으로 보조 약물을 사용하는 것은 아무도 반대하지 않는다. 나이가 들면서 단어를 잘 잊어버리는 경험은 일반적이고 필연적으로 일어나며, 이런 망각은 점점 심해진다. 이 결점을 막아 주는 약물은 널리 사용될 것이고, 수백만 명의 사람들이 감사하게 사용할 것이다.

리탈린이 과잉행동장애를 가진 아이들의 학습 능력을 향상시킬 수 있듯 정상적인 어린이들의 능력 또한 향상시킨다. 이 약물은 과잉행동장애를 가진 사람이든 정상인이든 그들의 대학입학자격시험 점수를 100점 이상 올려 줄 것으로 생각된다. 수많은 건강한 젊은 이들이 리탈린을 이런 방식으로 사용하고 있고, 솔직히 말하면 이를 멈출 수도 없다. 치료 용도로 개발된 약물이 정상적인 정신 기능을 향상시키는 데 사용될 수도 있다. 이런 식으로 우리는 여러 종류의 불법 약물들에 의존하여 살고 있다. 몰핀은 화상을 비롯한 다른 신체 질병으로 인한 통증을 경감시키는 훌륭한 약이다. 어떤 사회에서는 거대한 사회적·심리적 문제를 야기하는 정신 상태를 변화시키는 약물로 사용되기도 한다. 어떤 약물이 잘못 사용될 수 있다는 이유만으로 통증을 경감시키는 약물 개발을 중지하겠는가? 사람들이 남용할 수 있다는 이유만으로 저녁에 마티니나 와인을 마시는 것처럼 분위기를 좋게 만드는 걸 금지해야 하는가?

시장에 팔리는 약들 중 부작용이 없는 것은 없다──좋은 약도 그렇다. 아직 생물학은 부작용이 없는 대체물을 만들 정도로까지는 발전하지 않았다. 모든 약물에는 단점이 있게 마련이다. 이 점을 충분히 안다 해도 약물이 마음 상태를 조작한다는 사실은 인간의 조건과 관련된 도덕적 우려를 낳는다. 기억 향상 약물에 관한 사회적 문제들이 생겨날 거라는 걱정들이 많지만, 내 생각에는 이 걱정 자체가 지능 조작보다 더 나쁘다. 왜 우리는 약으로 인지 능력을 변화시키는 것에 거부감을 가지는가?

그 이유는 아마도 인지적 향상을 속임수라고 생각하기 때문일 것이다. 어쨌든 어떤 이가 열심히 일해서 더 뛰어나게 된다면, 그건 괜찮다. 단어장을 복습하고, 연극 대사를 연습하고, 역사 시간에 배운 사실들의 목록을 반복 암기하는 것은 괜찮다. 하지만 알약을 먹은 후 한 번의 독서로 모든 내용을 머릿속에 넣는 것은 속임수와도 같다. 생각해 보면 말도 안 되는 일인 것 같다.

정상인들 중에는 엄청난 기억력을 가진 사람, 언어나 음악을 빨리 습득하는 사람, 또 그외 모든 종류의 뛰어난 능력을 가진 사람들이 있다. 그들 뇌의 어떤 부분이 번개 같은 속도로 정보를 부호화하게 만든다. 우리는 그런 사람들을 알지만 어느 누구도 그런 능력 때문에 기분 나빠지지는 않는다. 우리는 그들이 우리보다 우수한 화학 시스템이나 더 효율적인 신경 회로를 가지고 있다는 사실을 받아들인다. 알약을 복용해서 그런 능력들을 얻을 수 있는데 우리가 화를 낼 이유가 있겠는가? 우수한 기억 체계를 부여하지 않은 것은 자연이 어떤 의미에서 우리를 속이는 것이므로, 거꾸로 우리가 우리 자신의 발명품으로 자연을 속이는 것은 똑똑한 일이 아닌가? 내 생각에 바로 이것이 우리가 해야 하는 일이다.

기억은 지능보다는 우리의 자아감sense of self에 덜 위협적으로 보일 수도 있다. 하지만 지능이란 무엇인가? 알약 하나로 지능을 변화시킬 수 있는가? 어떤 사람들은 다른 사람들보다 더 똑똑하다고 할 수 있는데, 그러면 캘리포니아 대학교 공과대학(CALTEC) 학생들의 뇌와 평균 지능을 가진 당신 아이의 뇌는 무슨 차이가 있는가? 이 차이를 알아내서 평균적인 아이를 천재로 변화시키는 것은 윤리적인가? 진화론자들은 우리가 뇌 용량을 늘릴 수 있는 기술을 발명해 낼 정도로 똑똑하다면, 그것을 사용할 수 있어야 한다고 제안할 것이다. 이것은 적자생존의 다음 단계이다. 우리는 우리가 찾을 수 있는 한 가장 똑똑하고, 가장 부유하고, 가장 매력적이고, 가장 마음을 끄는 짝을 찾으려고 노력한다. 이것이 현재 작동하고 있는 성 선택의 과정이다. 결국 누구를 선택하게 되든 우리는 우리 자신과 아이들을 향상시키려고 수백만 개의 상품들과 서비스를 사용한다. 이런 행위들을 추구할 때 어떤 사람들이 보여 주는 탐욕이나 자아도취는 귀찮고 불쾌하지만, 그들이 누릴 자유를 선택하는 것은 궁극적으로 개인이지 사회는 아니다.

그렇다 하더라도, 인공적으로 향상되는 지능과 관련된 문제들이 계속 우리를 괴롭힌다. 신경의학적이고 생의학적인 문제들에 대한 공상과학 영화적인 상상 속의 공포가 실제로 생겨날 공포보다 더 크다. 최근 몇 년간 유전학과 신경과학은 뇌의 어떤 차이가 지능의 개인차를 만드는지를 이해하는 데 있어 장족의 발전을 이루었다. '똑똑한 뇌'가 어떻게 구성되는지에 대한 이해가 증가함에 따라 유전자나 두뇌 구조 그리고 신경화학물질이 어떻게 인공적으로 지능을 높일 수 있는지도 알게 되었다. 여기서 우리가 느끼는 두려움은, 인공적으로 지능이 향상된 사람들은 앞서 가기 위해 끈기 있게 무언가를 하는 방법을 더 이상 사용하지 않고, 처방전을 받게 될 것이라는 점이다.

하지만 생각해 보라. 여러 방식으로 이 실험은 이미 행해져 왔다. 보통으로 똑똑한 사람, 예컨대 글렌데일 고등학교(고백하자면, 나의 모교이다)의 우수한 학생을 생각해 보라. 그 학생의 주변에는 똑똑한 친구들도 있지만 평균과 평균 이하의 지능을 가진 친구들도 많다. 보통으로 똑똑한 우리의 주인공은 다트머스 대학교(이 학교 또한 나의 모교이다) 같은 엘리트 학교에 합격했다. 갑자기, 그는 똑똑한 학생들에 둘러싸인다. 이건 마치 글렌데일 고등학교에 있는 친구들 모두가 '똑똑이 알약'을 먹고 양자역학을 공부할 준비가 되어 있는 것과 같다. 한때 똑똑했던 아이에게 세계가 변한 것일까? 모든 경쟁을 뚫고 입학했음에도 불구하고 초조하고 부적절하다고 느끼는가? 아니다. 그 답은 계속 변화하는 맥락에 우리가 어떻게 적응하는가에 달려 있다. 이것은 한참 가속도가 붙고 있는 인지기능 향상과 같은 해결 방식이 모든 사람의 목표는 아니라는 사실과 관련된다. 신속한 생각이 곧 현명한 생각은 아니다.

기억력 향상제

이미 유통되고 있거나 미국 식품의약국의 승인 절차를 밟고 있
는 인지 향상제들 혹은 기억력을 증진시킨다고 소문난 '똑똑이 약'
('마음'이라는 단어에 해당하는 그리스어 'noos'와 '지향'이라는 단어에 해
당하는 'tropein'의 합성어 이름인 누트롭스nootropes라고도 불린다[1])들이
있다. 어떤 화학물질이 동물 집단(광대파리, 쥐, 혹은 인간)의 기억력
을 적절히 높여 준다는 것이 밝혀질 때마다 두 가지 중 한 가지 문
제가 발생한다. 만약 그 약이 판매되고 있지 않다면 제약회사는 그
화학물질을 이용해 재빨리 새로운 학습 향상제를 만들어 낸다. 만
약 그 약이 이미 팔리고 있지만 알츠하이머나 주의력결핍 과잉행동
장애 같은 알려진 병을 치료하기 위해 주로 사용되고 있다면 대다
수는 '기존 라벨을 넘어서off label'(의도된 목적 이외의 사용으로) 사용
될 것이다.

컬럼비아 대학교의 에릭 칸델 박사는 아플리시아Aplysias라는 해
삼의 학습과 기억에 대한 연구로 노벨상을 탔다. 그는 학습이 여러
방법으로 시냅스에서 일어난다는 것을 발견했다. 즉 시냅스가 더
효율적으로 되거나 신경전달자 수용기의 수가 증가하거나 시냅스
표면 면적이 증가할 때 혹은 더 많은 시냅스가 만들어질 때 학습이
일어난다는 것이다. 에릭 칸델 박사는 CREB라는 단백질이 활성화
될 때 이런 변화들이 일어난다는 것을 발견했다. CREB가 광대파리
와 쥐들의 기억 형성을 돕는다는 것도 후에 밝혀졌다. 이런 발견들
을 토대로 1998년 뉴저지에 근거지를 둔 칸델의 회사 메모리 파마

소티컬스가 생겨났고, 인간 뉴런의 CREB 양을 증가시켜서 장기기억 형성을 촉진시킬 약(MEM 1414 중 가장 가망성 있는)을 만들어 내려 하고 있다.[2] 또 다른 회사(헬리콘 테라포틱스)도 CREB가 인간의 기억 형성을 증진시키는 것으로 밝혀지길 바라고 있다.[3] 만약 임상 시험이 성공한다면 2008년 이후 언젠가는 MEM 1414가 판매될 수도 있을 것이다.[4]

다른 약물들도 두뇌 메커니즘을 토대로 만들어지고 있다. 뉴런이 자연적으로 CREB를 증가시키기 전에, 뉴런 막의 경로는 양 이온이 세포로 흘러 들어가도록 문을 열어야 한다(이렇게 해서 CREB를 활동하게 하는 과정들을 활성화시킨다). 시냅스에 존재하는 경로들 중 하나는 NMDA 경로로 알려져 있다. 1999년 프린스턴 대학교의 유핑탕 박사와 그녀의 동료들은 쥐의 해마에 있는 NMDA 수용기의 수가 증가하면 공간 기억 작업 수행 능력이 좋아진다는 사실을 발견했다.[5] 이제 연구자들과 제약회사들은 학습력 향상제로서 NMDA 수용기 작용물질을 연구하고 있다. 지능을 증진시키는 것으로 알려진 염색체 6 유전자는 성장 요인의 유전 암호를 지정한다. 학습력 향상과 같은 성장 요인들에 대한 연구가 시작되었다. 적어도 열두 개의 신약들이 임상시험을 기다리고 있다.

과학자들은 수년 동안 아드레날린, 글루코스, 그리고 카페인 같은 일반 약물이 기억과 수행 능력을 증진시킨다는 것을 알아냈고, 우리 역시 이 사실을 안다. 일을 잘 미루는 사람들은 마감일을 맞추려고 아드레날린을 복용해서 정신을 또렷하게 만든다. '위를 비운 채로' 일하는 것이 뇌 기능에 효율적이지 않다는 것도 우리는 안다.

또 우리는 큰 컵 가득 담긴 카페 라테 한 잔을 사는 데 기꺼이 많은 돈을 지불한다. 이는 모두 우리가 '법적 약물'이 무엇인지를 이해한다는 증거들이다.

스타벅스 커피로 자가 치료를 하는 것은 여러 사례들 중 하나일 뿐이다. 다음의 상황을 생각해 보라. 2002년 7월, 스탠포드 대학교의 제롬 예서베이지와 그의 동료들은 알츠하이머 환자의 기억 상실을 늦추기 위해 사용되는 식품의약국의 승인을 받은 도네페질 donepezil이 정상인들의 기억력도 향상시킨다는 것을 발견했다.[6] 연구자들은 비행기 조종사들을 모의 비행 장치에서 가상으로 비행 훈련을 시켜서 비상 상황에 반응하도록 했다. 연구자들은 조종사들 중 절반에게는 도네페질을 주고 나머지 절반에게는 위약을 주었다. 한 달 후, 착륙 단계 같은 비행기 조작법을 수행하거나 많은 주의를 요하는 비상 상황에 대응하는 테스트를 다시 했을 때, 도네페질을 복용한 이들이 훈련을 더 잘 기억했다. 대학생들은 이 도네페질을 리탈린처럼 사용할 수 있을 것이다. 아무것도 이것을 막을 수 없을 것이다.

리탈린을 라벨에 적힌 지시 이외의 용도로 사용하는 것은 약물이 의도와 다르게 사용되거나 오용되는 사례가 항상 있어 왔다는 사실을 떠올리게 한다. 약물을 인위적으로 관리하고 조정하고 법적으로 금지하는 것은 이중적 태도이고, 실패를 낳을 뿐이다. 우리 문화는 이에 대한 태도를 발전시켜야 할 것이다. 아리셉트Aricept(도네페질의 상품명)는 효과가 있고, 카페인, 리탈린도 효과가 있다. 사람들은 개인의 신념에 따라 기억 향상 약물들을 사용하거나 사용하지 않을 것이다. 자신의 인지적 상태를 바꾸는 것을 좋아하는 사람도 있고 싫어하는 사람도 있다. 성형수술이나 대머리 치료약으로 '속이는' 사람도 있고 스테로이드를 사용해서 속이는 사람도 있다.

정상적인 인지 기능을 가진 사람들은 기억 향상제나 이론적으로 모호한 지능지수를 사용하지 않을 것이라고 나는 추측한다. 왜? 기억이 정상 범위 안에 있으면 우리는 기억 수준에 적응하고 개인의 정신적 삶을 그 맥락에 놓는다. 기억 용량이 늘어나면 일상생활이 달라진다. 우리는 그날그날 저장된 기억들 중 많은 것들을 잊으려고 저녁시간의 일부분을 보낸다. 우리는 평생 기억의 효율성과 망각하는 능력을 토대로 개인적 이야기들을 만들어 왔다. 이런 능력이 크게 혹은 약간이라도 변화하면 한 사람의 정신적 삶은 미묘하게 변화하고 이 변화는 개인의 이야기를 변화시킬 것이다.

과거의 경험과 기억으로부터 자유로워지려고 더 많은 시간과 돈을 소비하는 사회에서 새로운 기억 향상제가 나왔다는 것은 아이러니하다. 왜 사람들은 음주하고, 흡연하고 감각을 지우는 행동들을 하는가? 왜 정신상담소는 지우고 싶은 불행한 기억을 가진 사람들로 가득 차 있는가? 뜻하지 않은 정신적 외상이나 학대, 그리고 서로 스트레스를 주고받는 관계 같은 정서적 사건들의 희생자들은 왜 생생한 기억들 때문에 고통 받는가? 이 모든 것들이 우리 삶의 실제 모습들이다.

기억을 증진시키는 알약을 복용하면 새로운 장애들이 생겨날 수도 있다. 예컨대 좋지 않은 기억이 케플러 법칙에 대한 기억과 결합되어 어려운 내용이 의식 안에 영원히 존재할 것이다. 기억 안에서

떠도는 것이 그 내용이 아니라 다른 생각에 대한 욕구라는 것을 발견할 수도 있다. 정상적 기억을 더 활발하게 만들면 이런저런 수십 개의 문제들이 생길 수 있다.

사람들은 이름과 날짜를 기억하게 하고 기억상실을 늦추는 것 이상의 기능을 하는 기억 향상 약물을 찾을 것 같지는 않다. 정말로 중요한 것은 약물의 발전이다. 현재 이용 가능한 기억력 향상 약물은 그 효과가 강하지 않고 부차적이다. 미래의 약물은 더 강력해질 것이다. 미래의 약물은 증상을 호전시킬 뿐만 아니라 라벨에 붙은 지시 이외의 용도로 사용하는 일이 더 많아질 것이다.

물론, 약물이 성공적이려면 거쳐야 할 절차들도 많고, 우리가 살아가는 동안 더 새로운 기억 향상제가 나올 수도 있다. 어떤 약물들은 동물의 기억이나 수행 능력은 향상시키지만, 그것이 인간의 기억도 향상시킬 것인지는 불분명하다. 동물에게는 잘 기능하던 정신 기능 향상제nootropes가 인간에게 임상시험을 했을 때는 볼품없이 실패했다.[7] 수백만 년 진화의 역사가 신경화학적 농도가 최적의 수준에 이른 현재의 인간 두뇌를 만들었기 때문일까? 또 다른 문제점은 이 약물들이 기억을 향상시킬 수 있지만 해로운 결과를 만들어 낼 수도 있다는 점이다. 예컨대, 뇌 기능이 향상되어 '똑똑한' 뇌를 가지게 된 쥐는 학습을 더 잘 하게 되지만 동시에 통증에도 더 민감하게 되었다.

지능 유전자를 찾아라

기억력이 지능을 기준으로 측정된다는 사실은 잠시 접어두고, 기억력이 사람들을 더 똑똑하게, 즉 복잡한 문제들을 더 쉽게 해결할 수 있게 만든다는 생각은 어쨌든 문제가 있는 것 같다. 우리는 의사, 법률가, CEO, 그리고 철학자만 있는 세계에 사는가? 우리는 하버드 대학생들로 가득 찬 나라를 원하거나 필요로 하는가? 겉으로 보기에 이것은 끔찍하고 제정신이 아닌 생각 같다. 하지만 기초 과학의 성과들은 이런 것들이 무리한 생각이 아니라는 것을 이야기해 준다.

똑똑하다는 것의 의미를 정의하는 것은 수년간 심리학자들을 좌절하게 할 만큼 어려운 문제였다. 현재 사용되는 지능이라는 기준은 우리가 만들어 낸 시험만큼만 쓸모가 있을 뿐이다. 지능지수나 대학입학 자격시험은 고등교육에서의 성공을 보여 주는 좋은 지표이지만 '실제 세계'에서의 성공을 보여 주는 완벽한 지표는 아니다. 일반적으로 지능에 대한 테스트(특히 지능지수 테스트)는 사람들의 분석력, 언어 이해, 지각 구성력, 작업 기억 그리고 처리 속도를 측정한다. 이런 유형의 지능은 정신측정적인psychometric 지능인데, 이것이 유일한 유형의 지능은 아니지만(어떤 이들은 운동 능력을 포함하는 '다중지능multiple intelligence'을 믿는다),[8] 시험 가능하다는 점 때문에 지능을 측정하는 주된 방식이 된다.

1904년 영국의 심리학자인 찰스 스피어맨은 지능에 관한 19세기 문헌들을 검토한 뒤 한 가지 지능 검사를 잘한 이들이 다른 모든 지능 검사에서도 탁월하다는 것을 발견했다. 이들은 언어 이해, 지각적 구성, 작업 기억, 그리고 처리 속도를 포함한 여러 지능들을 평가하는 시험에서 계속 높은 점수를 받았다. 스피어맨은 여러 영역(언어, 지각, 기억 등)의 지능을 모두 처리하는 지능, 즉 거의 모든 테스트에서 좋은 점수를 받게 하는 '일반 지능general intelligence'이 있다고 주장하고 이를 g라고 이름 붙였다.[9] 1904년 이후 많은 테스트들이 일반 지능에 대한 스피어맨의 생각을 확인하고 지지해 주었고, 과학자들과 심리학자들은 일반 지능이 지능 테스트에서의 점수 중 50퍼센트에서 70퍼센트까지 꽤 많은 부분을 설명해 준다는 데에 현재 동의한 상태이다.[10]

유전학은 개성이나 지능 같은 추상적 특성조차도 유전적 설계도에서 부호화된다는 사실을 최근 발견했다. 일반 지능의 유전적 기초에 대한 연구는 이제 막 시작했다. 일반 지능은 많은 유전자들의 영향을 받아 구성되므로 그런 유전자들을 모두 추적하는 것은 오랜 시간이 걸릴 것이다. 최근의 연구는 염색체 6이 지능에 연관된다는 것을 이미 발견했다.[11]

'유전자 뇌 지도그리기genetic brain mapping'는 지능 관련 유전자를 찾기 위해 발달되었다. 이런 유형의 연구는 쌍둥이, 친척 관계, 그리고 친척 관계가 아닌 사람들이 가진 뇌의 구조적 특징들(크기, 부피 등)을 살펴본다. 이 뇌들의 차이를 자기공명영상(MRI)으로 스캔해 보면 뇌의 어떤 부위가 유전자의 통제를 받는지(예컨대, 쌍둥이 사이 혹은 모녀 사이에 어떤 것이 가장 유사한지) 결정할 수 있다. 이 연구들은 지난 3~4년간 이루어졌다. 유전학자들은 어떤 뇌 부위가 가장 유전적이며, 어떤 유전자가 그 뇌 부위와 관련이 있는지를 알아내려고 한다. 이러한 역지도그리기reverse mapping를 통해 지능에 관한 유전학적 지식을 더 많이 얻을 수 있을 것이다.

최근의 뇌 지도그리기 연구는 뇌 부피의 94퍼센트가 유전적이라는 것을 알아냈다.[12] 전두엽, 감각 운동, 그리고 전측두엽 영역 같은 뇌 부위들은 유전적으로 통제 가능하며, 중간의 전두엽 영역은 90퍼센트에서 95퍼센트까지 유전 가능성이 있는 것으로 밝혀졌다. 또 일종의 지문 역할을 하는 대뇌이랑gyri이라는 불룩 올라온 뇌회 패턴은 유전자의 영향을 많이 받지 않는다. 마찬가지로, 해마(단기기억을 장기기억으로 전환하는 데 관련된 부위)도 유전자보다는 환경의 영향을 더 많이 받는다.[13]

유전학자들과 신경과학자들은 유전자의 영향을 받는 뇌 영역들과 신경과학자들이 연구하는 지능과 인지 능력에 관련된 영역들이 동일한 부분이라는 데 동의한다. 사실, 지능에 영향을 주는 유전자들은 스피어맨의 일반 지능과 관련되는 특정 뇌 영역의 구조와 기능들을 부호화할 수 있다. 연구자들은 유전적인 뇌 지도그리기와 지능지수 테스트를 결합해서 뇌의 크기, 구조 그리고 부피와 지능 간의 관계에 대한 정보를 도출해 내기 시작했다. 신경과학자들은 뇌의 크기와 지능지수가 통계적으로 의미있는 관계가 있다고 결론내렸다. 구체적으로, 전두엽의 회색질(주로 뉴런의 세포체로 구성되어 있는)의 양은 지능지수 점수와 관련이 있다.[14] 즉 전두엽은 스피어맨의 일반지능에 해당하는 영역일 수 있다.

케임브리지 대학교에 있는 존 던컨과 그의 동료들은 똑똑한 사람들이 일반 지능과 관련있는 많은 작업들을 수행할 때 전두엽의 (왼쪽, 오른쪽 모두) 뒷부분은 작동하지 않는 부분일 수 있다는 것을 발견했다.[15] 던컨의 피실험자가 여러 지능 테스트를 받으면서 사용한 양전자 단층촬영술(PET) 뇌스캔은 옆전두엽이 선택적으로 활성화한다는 것을 보여 주었다. 어떤 연구자들은 우리가 아직 전두엽에 대해서 충분히 알지 못하므로 던컨의 연구는 기껏해야 '암시적'일 뿐이라고 그 중요성을 의심한다.[16] 그러나 던컨의 발견들이 보여 주는 것은 우리가 이제 새로운 과학사의 시대—심리학이 남겨 둔 지능의 개인차라는 주제를 신경과학자들이 연구하게 된 시대—에 진입했다는 사실이다.

최근 지능의 개인차를 신경학적으로 연구한 자료들이 보고되기 시작했다. 이들 중 알베르트 아인슈타인의 뇌에 대한 연구가 있다. 이 연구는 전 시대에 걸쳐 가장 똑똑한 사람들 중 하나로 간주되는 아인슈타인의 뇌 전두 영역(특히 왼쪽)[17]이 대조군 집단의 뇌와 비교하여 뉴런보다는 아교세포를 더 많이 가지고 있다는 사실을 보여 주었다.[18] 아교세포는 더 큰 미엘린화를 가능케 해서 정보처리를 더 빠르게 한다. 이것이 바로 아인슈타인으로 하여금 상대성 이론을 생각해 내게 했을까?

전두엽에 손상을 입은 사람들의 지능지수가 정상인들의 지능지수보다 20점에서 60점 정도 더 적다는 사실은 지능에서 전두엽이 하는 역할을 지지해 준다. 전두엽에 손상을 입은 사람들은 유동성 지능fluid intelligence이라는 것도 부족하다. 유동성 지능은 나이와 더불어 감소하는 지능으로 추상적 추리, 제한된 시간 안에 정확하게 반응하기, 새로운 매체의 사용, 그리고 처리 속도와 관련된 지능이다. 이와 마찬가지로, 심각하게 낮은 지능지수를 가진 다운증후군을 앓는 사람들에게는 보통 사람들보다 전두엽의 회색질이 더 적다고 알려져 있다.[19]

전망

미래의 연구는 이미 시작되었다. 지능과 관련된 유전자가 발견되면 다른 유전자들도 잇달아 발견될 것이다. 우리는 특정 유전자가 뇌의 어떤 부분에 영향을 주는지, 그리고 뇌의 어떤 부분이 지능지수와 관련되어 있는지를 안다. 또 학습이나 기억과 관련된 신경화학물질들도 안다. 이런 지식들을 알면 완벽한 게놈을 가지지 않은 사람들의 지능을 높이기 위해(혹은 이미 '똑똑한 뇌'를 가지고 있는 사람들의 지능을 더 높이기 위해) 어떤 것이 조작되어야 하는지 알 수 있을 것이다. 유전자 치료는 지능과 관련되는 것으로 밝혀진 유전자를 집어넣고, 없애고, 기능 스위치를 켜고 끌 수 있다. 신경화학물질은 약물로 증가시킬 수도 감소시킬 수도 있다―실제로 어떤 것들은 이미 그렇다. 똑똑이 약은 법적으로 규제되는 약뿐만 아니라 미국 식품의약국이 규제하지 않는 약초 의약품까지도 시중에 판매되고 있다. 미국 서부 해안을 따라 생겨났던 술집 같은 가게들에서 이 상품들을 판매했다.[20]

나는 이런 것들 중 어느 것도 우리의 자아감sense of self을 위협하지 않는다고 믿는다. 정신 상태를 뛰어나게 만들 수 있는 기회들은 많다. 똑똑한 수백만 명의 사람들을 해방시키는 데서 생기는 윤리적인 걱정을 덜어 주는 것은 정말로 똑똑한 수백만 명의 사람들이 이미 여기 있다는 사실이다. 연륜있는 한 통계학자의 농담이 말해 주듯, "전 세계 사람들 반은 평균 이상의 지능을 가지고 있다." 똑똑한 사람들의 수가 늘어난다고 우리의 가치가 변하는 것은 아니다.

똑똑함이 잘 사는 것과 관계가 있다는 것은 의문의 여지가 없지만 똑똑함은 잘 사는 것의 일부일 뿐이다. 똑똑하다는 것은 정보를 잘 처리하고 문제를 잘 해결한다는 것을 나타내는 것이다. 문제를 해결하려면 많은 작업들이 적용되어야 하고 세계에서 가장 똑똑한 사람이라고 해서 그 작업이 쉽다고 말하는 법은 거의 없다. 그들은 통찰과 해결책을 얻기 위해 열심히 일한다. 새로운 문제들을 쉽게 해결하려고 약물을 복용하면 처리 속도는 빨라지겠지만, 더 똑똑해진다는 것이 무슨 의미인지는 여전히 불분명하다. 더 똑똑하다는 것은 더 빠르다는 것의 또 다른 표현으로 사용될 뿐이다.

어떤 약이 개발되든 우리는 하나의 보편 원리를 따를 수 있다. 즉 인지 기능 향상 약물은 개발될 것이고, 그것은 잘 사용되거나 잘못 사용되기도 할 것이다. 그러나 사람들이 술집 진열장에 있는 모든 술을 마시지는 않듯이, 또 모든 사람이 프로작을 복용해서 기분을 바꾸지는 않듯이, 그리고 정상성에 대한 개념을 바꿀 기회가 있어도 우리 인생을 스스로 다잡듯이, 우리는 각자의 인생관과 자아감에 따라 기억 향상 약물을 다르게 받아들이고 스스로 규제할 것이다. 변화를 원하는 몇몇 사람들은 약물을 찾을 것이고 원하지 않는 사람들은 약물의 유효성도 무시할 것이다. 정부는 규제하지 말고 우리 자신의 윤리감과 도덕감이 새로운 인지기능 향상 약물을 통해 우리 스스로를 이끌도록 해야 한다.

3

자유의지, 개인적 책임 그리고 법

희대의 연쇄살인마의 뇌영상 판독 결과
치명적인 뇌 손상이 발견되었다.
그는 과연 무죄일까, 유죄일까?
그에게는 아무런 책임이 없는 것일까?

제6장

나의 뇌가
시킨 것이다[1]

무서운 살인 사건의 배심원이 되었다고 상상해 보라. 배심원인
당신은 미국의 사법체계에 대해 무언가를 안다, 아니 알아야 한다.
첫째, 형사사건의 95퍼센트는 재판에 회부되지 않는다. 대부분의
경우는 기각되거나 유죄를 인정하는 대가로 형량이 감소된다. 둘
째, 피고가 유죄일 가능성이 크다.

배심원석에 앉아 있는 당신은 인간 행위에 관한 최신의 과학적
이해가 없을 수도 있는 배심원 11명과 함께 사건을 검토해야 한다
는 것을 알고 있다. 대부분의 배심원은 피고가 자신의 무죄를 주장
하려고 제시하는 변명들을 받아들이지 않을 것도 안다. 배심원들은
경험이 많으며 집요하다. 이것이 미국 배심원 체계의 윤곽이다. 멋
진 건 아무것도 없고 단지 열두 사람이 무서운 사건 하나를 이해하
려는 것뿐이다. 대부분의 배심원들은 신경과학이라는 단어를 들어

본 적이 없고, '자유의지'라는 개념을 단 한순간도 생각해 본 적이 없다. 그들은 그저 피고가 범죄를 저질렀는지를 알아내기 위해 거기에 있는 것이고, 만약 배심원들이 피고가 유죄임을 확정한다면 그 피고는 엄벌을 받게 될 것이다. 피고가 정신이상이므로 무죄일 가능성을 재고하라고 요청하는 이들은 거의 없을 것이고, 설사 피고 자신이 그렇게 요청한다 해도 받아들여지지 않을 것이다.

미국 법정에서 진행되는 이런 모습과는 달리 우리가 과연 '자유의지'를 가지는지에 관한 문제가 제기되고 있다. 피고가 끔찍한 범죄를 저지른 것은 자유의지가 발현된 것이었는가, 아니면 그의 뇌와 과거 경험이 필연적으로 야기한 결과인가? 현대의 과학적 사고가 일상과 만나면 많은 문제들이 어려워지듯이 배심원들은 이런 문제들을 성급하게 옹호하려 하지 않을 것이다. 그러나 가장 집요한 배심원들조차도 선택의 여지가 없게 될 것이라는 것이 나의 주장인데, 왜냐하면 언젠가는 이 문제가 전체 법체계를 지배할 것이기 때문이다.

두뇌 메커니즘을 통해 우리는 뇌를 구성하는 데 있어서의 유전자의 역할, 환경을 체감하게 하는 신경체계의 역할, 그리고 미래 행위를 이끄는 경험의 역할에 관해 이해할 수 있다. 우리는 지금 뇌의 변화가 마음의 변화에 대한 필요충분 조건이라는 사실을 이해한다. 실제로, 이 메커니즘을 연구하기 위해서 최근 몇 년간 인지신경과학cognitive neuroscience이라 불리는 신경과학의 하위 분야가 등장했다.

21세기 뇌과학의 발전은 많은 이들로 하여금 자유의지와 개인적 책임이라는 케케묵은 이야기들에 대해 새삼 우려하게 만든다. 그

논리는 다음과 같다. 뇌는 마음을 결정하는 물리적 실체이며, 물리세계의 규칙에 의해 결정된다. 물리세계는 결정되어 있어서 우리의 뇌 또한 결정된다. 만약 뇌가 물리적으로 결정되고, 또 마음을 가능케 하는 필요충분한 기관이라면, 다음의 문제들과 마주치게 된다. 마음에서 발생하는 사고 또한 결정되는 것인가? 우리가 경험하는 자유의지는 환상일 뿐인가? 만약 자유의지가 환상이라면 우리가 우리 자신의 행위에 개인적 책임이 있다는 생각을 수정해야 하는가?

이 딜레마는 수 세기 동안 철학자들을 괴롭혀 왔다. 그러나 뇌 영상 기법의 출현과 더불어 이제는 신경과학자들이 이 질문들을 탐구하고 있고, 점차 법조계도 무언가 이야기를 해야 할 것이다. 변호사들은 의뢰인의 뇌 스캔에서 정상적인 억제 연결망이 잘못 기능하거나 범죄를 저지르는 비정상적 성향을 보여 주는 한 화소pixel를 찾아서 "범죄를 저지른 건 해리가 아니라 그의 뇌이다. 해리는 자신의 행동에 책임이 없다"라고 주장할 수도 있다.

어떤 뇌들은 다른 뇌들보다 더 공격적이라는 증거가 있다. 신경화학적인 불균형이나 외상 때문에 뇌 기능이 잘못될 수 있고, 이것이 폭력 행위나 범죄 행위의 원인으로 설명될 수 있다. 신경과학은 우리가 의식적으로 어떤 것을 경험할 때 이미 뇌가 작업을 끝낸 후라는 것을 알려준다. 우리가 어떤 결정을 내리는 것을 의식적으로 자각한다면, 뇌는 이미 그것을 발생시킨 만든 후이다. 이것은 다음의 질문을 제기한다. 우리는 이 고리에서 빠져나올 수 있는가? 정신 이상이나 뇌의 질병 때문에 그 행동을 한 사람에게 책임을 덜 부가하게 될까 우려하지만 정상적인 사람들 또한 이 결정적 고리 안에 있는 것 같다. 우리는 개인적 책임이라는 개념을 포기해야 하는가? 나는 그렇지 않다고 생각한다. 우리는 뇌, 마음, 그리고 개성을 구별할 필요가 있다. 사람들은 자유롭고, 따라서 그들의 행동에 책임이 있다. 뇌는 책임이 없다.

　신경과학은 행동을 이해하는 새로운 방식을 보여 주며, 그를 통해 궁극적으로 어떤 행동(범죄나 그 반대)의 원인을 뇌 기능의 차원에서 설명할 수 있지만, 그렇다고 해서 신경과학이 행위자의 무죄를 증명해 주는 것은 아니다. 최신의 신경과학적 지식과 법적 개념이 가지고 있는 가정들에 기반하여 나는 다음의 원칙을 믿는다. 뇌는 자동적이고 규칙 지배적이고 결정적 도구인 반면, 사람들은 결정하는 데 있어 자유롭고 개인적으로 책임있는 행위자이다. 교통 상황이 물리적으로 결정된 자동차들이 상호 작용할 때 발생하는 것처럼, 책임은 사람들이 상호 작용할 때 발생하는 것이다. 개인적 책임이란 공적 개념이다. 개인적 책임이란 집단 안에 있는 것이지 개인 안에 있는 것이 아니다. 만약 당신이 지구상의 유일한 사람이라면 개인적 책임이라는 개념은 존재하지 않게 될 것이다. 책임이란 당신이 타인의 행동에 대해, 그리고 타인이 당신의 행동에 대해 가지는 개념이다. (한 명 이상의) 사람들이 함께 살 때 규칙을 따르게 하고 이 상호 작용으로부터 행동의 자유라는 개념이 발생한다.

　뇌가 행동을 이끈다는 증거는 지각 대상들이 생활에 있어서의 움직임, 활동, 행위를 야기하는 방식들을 보면 된다. 또, 뇌 안의 감정적 상태는 긴장이나 성적 흥분 때 내리는 결정을 위해 신경 연결망으로 하여금 어떤 편향을 가지게 한다는 증거도 있다. 뇌가 행동을 이끄는 것이 아니라는 증거는 뇌 메커니즘이 인간의 공생을 가능케 하는 규칙이나 개인적 책임과 같은 가치처럼 사회 구조 안에 존재하는 관계들의 토대가 된다는 것이다. 개성에 대한 그러한 측면들은—이상하게도—우리의 뇌 안에 있지 않다. 그것들은 우리의 자동적인 뇌들이 다른 자동적인 뇌들과 상호 작용할 때 존재하는 관계 안에만 존재한다. 그것들은 뇌의 저 바깥에 있다.

자유의지에 대한 철학적 입장

철학자들은 우리가 개인적 책임이라는 생각에 가치를 부여할 때 본질적으로 따라오는 개념인 자유의지의 존재와 본성에 관해서 오랫동안 토론해 왔다. 이 견해들을 학문적으로 상세하게 검토하지는 않겠지만 여기서는 상반되는 두 가지 대표적인 견해를 소개하겠다. 우리가 자유의지를 가진다는 견해와 가지지 않는다는 견해가 그것이다. 자유의지를 믿는 비결정론자들은 어떤 요인—그것이 '기계 속의 유령'이든, 영혼, 마음, 혹은 정신이든—이 물리세계와 그 안에 있는 우리 자신을 행동하게 하고 변화시킴으로써 우리의 행동과 심지어 우리의 운명을 선택하고 결정한다고 믿는다. 자유의지를 받아들이지 않는 결정론자들은 인간의 모든 행동이 이미 필연적으로 결정된 세계—그것이 운명이든, 숙명이든, 혹은 유전적으로 영구 기록되어 있든—에 우리가 살고 있다고 믿는다.

과학이라는 합리적 세계 안에서, 질문은 생겨난다. 만약 결정론이 참이라면 그것을 참으로 결정하는 것은 무엇인가? 전통적으로 유전자가 운명을 예정한다고 생각되어 왔다. 스티븐 제이 굴드는 유전적 결정론 옹호자는 결코 아니지만, "만약 [우리의 유전자에 의해] 우리가 어떤 존재가 되도록 프로그램된다면 [우리의] 특성은 변화 불가능하다. 우리는 그것들을 조정할 수 있을지는 몰라도 의지나 교육이나 문화가 특성들을 변화시킬 수는 없다"[2]는 말로 결정론을 설명한다. 어떤 과정은 대개 유전자(예컨대, 만약 어떤 이가 헌팅턴 병 Huntington's disease 유전자를 가졌다면 그 사람은 거의 확실히 그 병에 걸릴 것이다. "좋은 생활, 좋은 약, 건강한 음식, 사랑하는 가족 혹은 많은 재산은 아무런 도움이 안 된다"[3])에 의해 결정되지만, 우리가 가진 다수의 특질들이 전적으로 유전자 안에 암호화되어 있는 것은 아니다. 우리의 환경과 기회 또한 우리의 특성과 행위를 결정하는 역할을 한다.

유전자는 뇌를 구성하지만 초당 수백만 번의 결정을 왕성하게 내리면서 궁극적으로 인지와 행위를 가능하게 하는 것은 우리의 뇌다. 그래서 자유의지에 관한 문제를 검토하려면 뇌를 보아야 한다. 뇌는 우리가 통제할 수 없는 행위를 하게 만드는 유전적으로 영구 기록되어 있는 결정된 기관인가? 아니면 뇌는—기계 속의 유령인 마음에 중요한—자유의지의 능력이 있는 어떤 것인가?

자유의지를 지지하는 논변들

만약 어떤 생각이 의식적으로 자각되기 전에 뇌가 먼저 작동한다면, 뇌가 마음을 작동하는 것처럼 보일 것이다. 이것이 신경과학에서 결정론을 주장하는 기본 아이디어이다. 이 생각은 1980년대 벤저민 리벳의 작업을 통해 사람들의 주목을 끌게 되었다.[4] 리벳은 자발적으로 손을 움직이는 동안의 뇌 활동을 측정했다. 리벳은 실제로 손을 움직이기 전(500~1000밀리초 전)에 이미 뇌 활동의 신호(준비전위readiness potential)가 있다는 것을 발견했다. 리벳은 우리가 손을 움직이겠다는 의식적 결정을 내릴 때 550~1000밀리초 사이 어느 시점에 "그 유명한 시간 t"[5]를 결정하도록 했다.

리벳은 피실험자가 의식적으로 그리고 자발적으로 손을 움직이는 동안 사건 관련 전위event-related potentials(ERPs)로 알려진 방법을 사용해서 피실험자의 뇌 활동을 측정했다. 피실험자가 시계를 보는 바로 그 순간 그는 그의 손목을 구부리겠다는 의식적 결정을 내리고 시계의 검은 점의 위치를 확인하고 이를 실험자에게 보고할 것이다. 리벳은 이 순간을 피실험자의 뇌파에서 준비전위가 기록된 시간과 상호 관련시킨다.

리벳이 발견한 것은 피실험자가 손을 움직이려는 결정에 대해 의식적으로 처음 자각하는 '시간 t' 이전에, 피실험자의 뇌가 이미 활동하고 있었다—즉 준비전위가 있었다—는 것이다. 준비전위가 시작되는 시점과 의식적 결정을 내리는 시점 사이의 시간 간격은 약 300밀리초였다. 만약 뇌의 준비전위가 손을 움직이도록 결정하는 것을 자각하기 전에 시작된다면 행동 결정을 의식하기 전에 이미 뇌가 그 결정을 알고 있는 것처럼 보이게 된다.

이런 증거는 자유의지가 실제로 있는 것이 아니라 환상이라는 생각을 옹호하게 한다. 리벳은 준비전위의 시작부터 실제로 손이 움직이기까지의 시간이 약 500밀리초이고, 뇌로부터 실제로 손을 움직이게 만들기까지의 신경 신호는 50~100밀리초 정도 걸리므로 100밀리초는 의식적 자아가 무의식적 결정을 내리거나 그런 결정을 뒤집을 수 있는 시간으로 남는다고 주장했다. 즉 바로 100밀리초가 거부권을 발휘할 수 있는 자유의지가 개입되는 지점이라고 리벳은 말했다.[6] 빌라야누르 라마찬드란은, 존 로크의 자유의지 이론[7]과 비슷한 논변을 펴면서 "우리의 의식적 마음은 자유의지가 없을 수도 있지만, '하지 않을 자유'는 있다!"[8]고 한다.

뉴욕 대학교에 있는 마이클 플랫과 폴 글림처는 원숭이의 뇌를 연구하면서 '우측하두정소엽inferior parietal lobule'에서의 뉴런의 활동을 살펴보았다. 그들의 실험은 우리가 뇌 활동을 의식적으로 자각하기 전에 뇌가 먼저 스스로 활동한다는 생각을 더 강화했다. 우측하두정소엽에 있는 뉴런은 시야의 특정 부분을 다른 부분보다 더 선호하는 수용영역receptive field을 가진다. 예를 들어, 한 원숭이가 중심을 응시하고 실험자가 빛 막대기를 벽 근처에서 움직일 때, 원숭이가 응시하는 지점으로부터 5인치 위에 뉴런이 다른 곳보다 더 빠른 속도로 신호를 보내거나 '발화'하는 한 지점이 있다. 빛 막대기가 그 지점에 있으면 세포는 자동소총처럼 발화 신호를 보내지만 빛 막대기가 그 지점 바깥의 뉴런의 수용 부위에 있으면 세포는 발화하지 않는다.

일련의 실험을 통해서, 신경과학자들은 뉴런이 그들의 수용 영역에 대해 많이 알고 있다는 것을 보여 주었다. 그들이 발견한 것은 두뇌의 수용 영역에서의 뉴런은 주어질 수 있는 보상의 크기에 따라 발화 패턴을 변화시킨다는 것인데, 이것이 행동 여부를 결정하는 데 결정적 역할을 한다. 뉴런은 특정 시야 부분에 수동적으로 주의를 기울이지 않는다. 오히려 뉴런들은 움직임의 목적에 따르며 결정 과정에서 적극적으로 도움을 줄 수 있다. 이 모든 것들은 피실험자가 무엇을 할지 결정하는 암시가 있기 한참 전에 발생한다. 자동적 뇌는 이렇게 움직인다.

많은 실험자들은 우리가 알기 전에 뇌가 어떻게 일을 끝내는지를 보여 준다. 또 다른 예는 내가 수행했던 연구이다.[9] 공간의 한 점에 시선을 고정시키면 이 고정점의 오른편에 있는 것들은 좌뇌의 시각 부위에 투사되며 왼편에 있는 것들은 우뇌의 시각 부위에 투사되는 방식으로 우리의 뇌는 만들어져 있다. 뇌의 두 부분은 뇌량이라 불리는 커다란 섬유관을 통해서 연결된다.

우리가 'he'라는 낱말을 고정점 왼편에 제시하고 'art'라는 낱말을 오른편에 제시하면 당신은 그 낱말을 'heart'로 지각한다. 이 통합은 의식적 자각 없이도 달성된다. 내 실험실에서 론 망군과 스티븐 힐야드가 협동 연구한 전기생리학적 정보 기록은 어떻게 뇌 안에서 통합이 달성되는지, 그리고 어떻게 우뇌가 'he'와 'art'를 통합하는지, 결정을 자각하기 전에 뇌가 어떻게 이미 결정을 내리고 행동하는지를 설명하는 데 도움을 주었다.

피실험자의 감각에 주어진 자극이 만들어 낸 뇌에서의 전기 전위는 사건 관련 전위를 이용해서 측정될 수 있다. 이 절차를 통해서 한쪽 뇌 피질에서의 뉴런의 활동 패턴과 반대편 뇌에서의 뇌량을 통한 교차-반구적 연결을 추적할 수 있다. 우리가 발견한 것은 자극 (예컨대 he)이 왼쪽 시야에 제시되면 오른쪽 시각피질이 곧 활성화 된다는 것이다(오른쪽 시야에 제시된 자극 또한 왼쪽 시각피질을 활성화한다). 40밀리초 후 활성화는 좌반구로 퍼져 가기 시작하고 이 정보는 다시 40밀리초 정도 후에 의식에 도달하여 heart라는 낱말로 나타난다. he와 art의 통합은 heart의 출력을 의식적으로 알게 되기 한참 전에 일어난다.

자유의지와 폭력

우리가 무언가를 알기 전에 뇌가 여러 가지 결정을 내린다면, 실제 삶에 있어서 자유의지의 문제—폭력적인 범죄 행위—는 어떻게 되는가? 어떤 행동들이 유죄인지를 논의하기 위해 여러 방식으로 신경생물학이 사용된다. 즉 충동적으로 죄를 저지르거나 일시적으로 정신이 나가거나 심지어 일시적인(혹은 영구적인) 비정상적 뇌 상태 때문에 자신의 행동에 책임이 없다고 주장하는 방어기제로 신경생리학을 사용할 수 있다. 그렇다면 정상인은 폭력 범죄를 절대 저지르지 않으며, 폭력적 행동을 야기하는 건 모두 비정상적인 것이된다. 폭력의 신경학적 메커니즘에 관심있는 사람들은 신경화학적 불균형이나 뇌 손상이 폭력을 야기한다면 이로 인해 고통 받는 이들에게 행위에 대한 책임을 물어서는 안 된다고 주장하기 위해 신경과학적 지식을 사용할 수 있다. 법의 역사상 수십, 수백 개의 사례들이 이런 논변을 사용했고 피고들은 무죄 방면되었다. 하지만 뇌손상을 입거나 정신분열이 있는 이들 모두가 폭력적이지는 않다는 사실은 여전히 설명되지 않은 채 남는다. 개인적 책임과 자유의지는 어디에서 역할을 하는가? 그것들은 그런 역할을 하지 않는다.

폭력 행위에 대한 신경과학 연구 중 몇 개를 살펴보자. 반복되는 폭력 행위를 저지르는 범죄자들은 종종 반사회적 인격장애(APD), 즉 기만, 충동, 공격성, 그리고 무자비함 등의 특성을 지닌다.[10] 반사회적 인격장애를 가진 사람들은 비정상적인 사회적 행동을 하며, 정상적인 전두엽 기능이 가지는 억제 메커니즘이 상실되어 있다. 그 유명한 1848년의 피니어스 게이지의 사례 이후, 심리학자들은 전두엽이 정상적인 사회적 행동에 중요한 역할을 한다는 것을 알았다. 정상적으로 기능하는 전두엽이 없으면 '하지 않을 자유'를 사용할 능력이 손상되는 것 같다.

피니어스 게이지는 전 시대에 걸쳐 가장 잘 알려진 신경심리학 환자 중 한 사람이다. 그는 열차길 건설 현장에서 일하다가 폭발 사고로 쇠막대기가 머리를 관통했음에도 살아남았으나 뇌의 전두엽 부위가 손상되었다.[11] 그는 회복한 후 정상적으로 보였지만 이전에 그를 알던 사람들은 그에게 어떤 변화가 있음을 알아챘다. 그의 친구들은 게이지가 "더 이상 게이지가 아니었다"고 말했다.[12] 실제로 그의 인격은 철저하게 변했다. 그는 충동적이 되었고 정상적인 억제 능력을 잃었으며, 부적절한 사회적 행동을 보였다. 그는 적절하지 않은 상황에서 욕설을 하고 무례한 언사들을 내뱉었다. 불행히도 뇌전두엽의 정확히 어떤 부위가 손상되었는지를 보려는 부검은 행해

지지 않았지만, 두개골 손상에 기반하여 그의 뇌를 현대적으로 재구성해 보면 그 손상은 전전두피질의 내측과 안와 부위에 국한된다.[13]

뇌의 전전두 부위가 손상된 환자들로부터 얻은 증거들은 전전두피질이 정상적인 사회적 행동에 중요한 역할을 한다는 것을 확인시켜 준다.[14] 그런데 의문이 제기된다. 전전두엽 손상을 입은 환자들처럼 비정상적인 사회적 행동을 보이는 반사회적 인격장애를 가진 범죄자들도 뇌의 전전두 부위가 비정상적인가? 이에 대한 답을 찾으려고 서던캘리포니아 대학교에 있는 애이드리언 레인과 그의 동료들은 반사회적 인격장애를 가진 21명의 사람들의 뇌를 영상으로 찍어서 두 대조 집단, 즉 건강한 피실험자와 약물 의존 장애(약물 의존성은 종종 반사회적 인격장애와 함께 나타나기 때문에, 실험자들은 반사회적 인격장애와만 관련된 뇌 차이를 인지할 수 있는 자료를 확보하려고 했다.[15])를 가진 사람의 뇌와 비교했다. 레인이 발견한 것은 반사회적 인격 장애가 있는 사람들은 대조 집단과 비교하여 회색질의 부피가 줄어들어 있었고 뇌의 전전두 부위의 자동적 활동량이 감소되었다는 것이었다. 이 발견이 의미하는 것은 반사회적 인격 장애를 가진 범죄자의 뇌와 정상인의 뇌에는(뇌의 나머지 부분과 비교하여 전전두엽의 회색질 양에 있어서) 구조적 차이가 있다는 것이다. 이는 또한 회색질의 부피 차이가 사회적 행동의 차이로 이어질 수 있다는 점을 암시한다.

이 이론을 더 많이 지지해 준 사례는 어린 나이부터 반사회적 인격장애의 특징들을 보였던 한 소년에 대한 것이다. 이 소년은 러시아 룰렛 놀이를 하면서 자신의 머리에 총을 쏘아 내측전전두피질을 손상시켰다.[16] 놀랍게도 그는 생존했고 그를 알던 사람들은 그의 인격에 거의 혹은 아무런 변화도 없다고 보고했다. 뇌손상 이전의 그의 행위는 그 소년의 내측전전두 피질이 적절하게 작동하지 않고 있었다는 걸 보여 주며(아마도 회색질의 부피가 축소되어서), 행위 문제가 손상 이후에도 계속되었다는 것은 이미 오작동하고 있는 내측전전두피질의 손상이 그 소년의 행동에 거의 혹은 아무런 영향도 미치지 않았다는 것을 보여 준다.

이 사람들은 충동을 억제할 수 있더라도(그래서 그들 행위에 책임이 있다) 그렇게 하지 않는 것이 가능하다. 뇌의 억제 기능이 없어지는 데 얼마나 많은 전전두 손상이나 회색질 감소가 필요한지에 대해서는 더 많은 연구가 필요하다(이에 따라서 책임감의 비중도 변할 것이다). 그러나 신경과학이 뇌 안에서의 폭력이라는 특정 사례를 고려할 때 뇌 상태와 비폭력적 행동과의 상호 관계는 폭력적 행동과의 상호 관계만큼 높을 수 있다고 주장할 수 있을 것이다. 특히 하안와전두엽을 포함하는 게이지와 같은 유형의 손상을 입은 대부분의 환자들은 법으로 제재할 만한 반사회적 행동을 보이지 않는다. 비록 환자의 배우자가 환자의 행동 변화를 느낄 수 있더라도 그 환자는 사회의 여러 힘에 의해 제재를 받게 되고 반사회적 행동의 빈도는 정상인들과 다르지 않다. 이 사실은 정신분열을 겪는 사람들에게도 적용된다. 공격적인 범죄 행동의 비율은 건강한 사람들의 범죄 행동의 비율보다 더 크지 않다. 만약 게이지와 같은 유형의 외상을 입은 사람이나 정신분열증을 가지고 있는 사람들이 다른 이들보다 폭력적인 범죄를 저지를 확률이 더 높지 않다면 그런 뇌 장애를 가진다는 사실만으로 그들이 저지른 행동에 대한 책임을 제거해 주기에는 충분치 않다.

그러나 이 사실들은 순수한 결정론자들에게 감명을 주지는 못한 다. 그들의 입장은 인과 이론에 기반해 있고 모든 행위는 정의 가능 한 정보를 가진다고 믿기 때문에, 그들은 원인과 결과를 이해하는 데 현재 부족한 점이 채워지면 된다고 생각한다. 그러나 결정론적 세계에서 자유의지가 존재한다는 또 다른 증거가 있다.

물리적 뇌가 어떻게 행동을 수행하는지에 대한 기계적 설명은 결정론이라는 일반적 아이디어를 부추기지만, 철학자들과 과학자 들은 그래도 자유의지가 존재할 수 있다고 주장한다. 이런 주장들 은 뇌의 메커니즘에 대한 설명이 무죄를 주장하는 데 도움이 된다 는 생각에 도전장을 내미는 것이다.

1954년 앨프레드 줄스 에이어는 '연성 결정론soft determinism'을 내놓았다. 데이비드 흄 같은 철학자들이 그렇듯, 그는 결정론이 맞 더라도 사람은 여전히 자유롭게 행위할 수 있다고 주장한다. 에이 어는 외부의 충동이나 제약이 없는 욕구, 의도 그리고 결정으로부 터 자유 행위가 나온다고 단정한다. 그는(야기되지 않은 행위와 야기 된 행위 간의 구분이 아니라) 자유 행위와 제약된 행위를 구분한다. 자유 행위는 자기 자신이 근원이 되어 의지를 하는 행위이고(장애 를 겪지 않는다면), 반면 제약된 행위는 외부 원인에 의해 야기되는 행위이다(예컨대 최면 중이거나 도벽 같은 장애 때문에 어떤 것이 당신을 물리적으로 혹은 심적으로 행동을 수행하게 함으로써). 어떤 사람이 자 유 행위 A를 수행할 때 그 사람은 B를 할 수 있었을 수도 있다. 어떤 사람이 A를 하도록 강제된다면 그 사람은 A만 할 수 있었을 뿐이다.[17] 따라서 에이어는 행위는 강제되지 않는 한 자유롭다고 주장한다. 자유 행위는 원인이 있고 없음과는 관련이 없고 그 원인의 출처가 어떤지와 관련이 있다. 비록 에이어가 뇌의 역할을 명백하게 이야기하지는 않았지만 우리는 뇌의 측면에서 이것을 충분히 표현할 수 있다. 뇌는 결정되어 있으나 사람은 자유롭다.

전망

많은 것들이 여전히 논란의 여지가 있지만 학자들은 자유의지 문제를 여러 가지 훌륭한 방식으로 생각해 왔다. 내가 보기에, 기계 속의 유령이나 복잡계의 창발적 속성, 논리적 비결정성, 그리고 다른 특성들을 언급하면서 자유의지를 주장하는 것은 근본적인 문제를 놓치고 있는 것이다. 뇌는 자동적이지만 사람들은 자유롭다. 자유라는 것은 사회의 상호 작용 안에서 발견되는 것이다.

해리와 그의 살인을 다시 생각해 보자. 우리의 법체계에서 범죄는 두 가지 규정적 요소들을 가지고 있다. 하나는 actus reus, 즉 금지된 행위, 다른 하나는 mens rea, 즉 범죄를 하려는 의도이다. 해리가 감옥에 가려면, 기소는 합당한 의심 이외에 이 두 가지를 증명해야 한다. 일반 용어로 말하면, 법정과 법체계는 범죄를 저지른 주체를 결정하려고 열심히 일한다. 그들이 신경과학으로부터 도움을 원하는 건 해리가 '개인적으로 책임있다'고 해야 하는지를 결정하는 것이다. 범죄를 저지른 건 해리인가, 아니면 그의 뇌인가? 이 것이 바로 미끄러운 경사길이 시작되는 곳이다. 사실상 신경과학은 책임이라는 것을 이해하는 데 있어서 거의 아무런 도움도 되지 못 한다. 책임이라는 건 한 사람 이상이 있는 사회에서만 존재하는 인 간의 구성물이고 인간 간의 상호 작용에서만 존재하는 사회적으로 구성된 규칙이다. 뇌 스캔에서 볼 수 있는 화소들은 유죄인지 무죄 인지를 증명해 줄 수 없다.

실제로 법적 권위는 책임과 무책임을 구분하는 기준을 정교하 게 하기 어렵다. 법적으로 정신이상을 규정하려는 여러 규칙들, 예 컨대 1843년의 맥노튼 규율M'Naghten rule(정신병을 이유로 범죄 조각 이 성립되려면 피고인이 정신질환 때문에 자기가 행하고 있는 행위의 성질 을 모르거나 또는 알았다 할지라도 나쁘다는 것을 모르고 한 상태라는 것 이 명확히 증명되어야 한다는 규율—옮긴이)부터 20세기의 더헴 테스 트(정신질환이 없었더라면 범죄 행위를 하지 않았을 것이라고 인정되는지 를 보는 테스트—옮긴이), 그리고 ALI 테스트(미국 법률협회가 마련한 모범 형법전Model Penal Code에 의거하여 정신질환 또는 결함이 있는 피고 가 그로 인해 범죄성을 인식하거나 또는 합법적으로 행동할 수 있는 충분 한 능력이 없었는지를 보는 테스트—옮긴이)는 모두 부족한 것으로 판 명이 났다.[18] 변호사와 기소 전문가들은 동일한 자료를 다른 관점에 서 바라본다. 여기서의 기본 아이디어는 신경과학으로 하여금 현재 의 기획을 구제하려는 것이다.

문제의 핵심은 인간 행동에 대한 법적 견해가 어떤 것인지이다. 해리는 '실용적 추론자', 즉 자유롭게 선택해서 행동하는 사람이다.

이 단순하지만 강력한 가정이 전체 법 시스템을 이끈다. 우리는 법을 어길 이유들을 생각할 수 있지만 자유의지를 가지므로 그런 생각들을 행동에 옮기지 않을 수 있다. 만약 변호사가 피고에게 스스로 범죄 행동을 중단하지 못하는 '추론 결함'이 있다는 증거를 제시할 수 있다면, 그 피고는 무죄가 된다. 이 변호사는 피고가 명료하게 생각하지 못했고, 정말로 명료하게 생각할 수 없었으며, 그의 행동을 멈출 수 없었다는 걸 보이기 위해 뇌 영상이나 신경전달자 분석물을 원한다. 신경과학이 보여 주는 인간 행동에 대한 견해는 여러 가지 방식으로 더 어렵고 더 관대하지만 근본적으로 다르다. 앞서 언급한 단서들은 제쳐 놓고서라도, 신경과학은 신경체계의 역학 작용을 결정하는 일을 한다. 뇌는 반응을 조절하기 위한 규칙을 학습하는 방식으로 환경과 상호 작용하는 진화된 의사결정 도구이다. 다행히도 뇌는 자동적으로 작동하는 규칙 기반적 도구이다. 그리고 이런 종류의 설명에 불만이 커지면 다음의 설명을 참고하라.

"하지만" 어떤 이는 말할 수도 있다 "사람들은 기본적으로 로봇이라고 할 수 있지 않은가? 뇌는 시계이고 당신은 작동하지 않는 시계를 비난하는 것 이상으로 범죄를 저지른 사람들에게 책임을 부과할 수 없다." 한마디로 말하면, 아니다. 이 대조는 부적절하다. 책임이라는 문제(바로 그 개념)는 여기서 나오지 않는다. 신경과학자들은 시계 제작자가 그 시계를 비난할 수 있는 것 이상으로 뇌가 무죄라고 이야기할 수 없다. 책임은 아직 없어지지 않았다. 인간 행동에 대한 신경과학적 설명에는 책임이라는 것이 없을 뿐이다. 이것은 뇌를 자동 기계로 볼 때 생기는 직접적 결과이다. 시계는 자동기계이므로 우리는 시계에 그 책임이 있다고 하지 않는다. 그러나 책임이 부여되는 사람들은 실천적 이성자이므로 다른 방식으로 설명된다. 시계에 책임이 부과될 수 없다는 이유만으로 사람들에게 책임이 부과될 수 없다고는 주장할 수 없다. 이런 의미에서 인간은 특별하고 시계나 로봇과는 다르다.[19]

이것은 중요한 논점이다. 신경과학은 책임에 대응하는 뇌 상호 관련자를 절대 찾을 수 없을 것이다. 왜냐하면 책임이라는 것은 뇌에 부여하는 것이 아니라 인간에게 부여하는 것이기 때문이다. 책임은 규칙을 따르는 우리 인간 동료들에게 요구하는 도덕적 가치이다. 시력 측정가들이 어떤 사람이 어느 정도의 시각을 가지고 있다고 말할 수는 있되 법적으로 눈이 멀게 되는 것이 언제인지, 학교 버스를 운전하기에 너무 시력이 약해지는 건 언제인지를 이야기할 수는 없다. 이처럼, 정신과 의사들과 뇌과학자들은 어떤 사람의 정신 상태나 뇌 상태에 대해 이야기해 줄 수는 있어도 그런 상태들 중 어떤 상태가 책임을 지기에 어려운 조절이 안 되는 상태인지를 (임의적이지 않고서는) 이야기해 줄 수는 없다. 책임의 문제는 (학교 버스를 운전할 수 있는 사람의 문제처럼) 사회적 선택의 문제이다. 신경 과학적 용어로 말하면, 어느 누구도 다른 이보다 책임이 더 있거나 덜 있는 것은 아니다. 우리는 결정론적 체계의 부분으로서 언젠가는 완전히 이해될 것이다. 그래도 사회 규칙 안에서 만들어진 책임이라는 개념은 뇌의 신경 구조 안에는 없다.

제7장

반사회적 생각과 사생활

우리는 항상 다른 사람들의 마음을 읽으면서 산다. 그녀는 나를 사랑하는가, 아닌가? 이 사람은 내 중고차에 돈을 더 줄까, 아닐까? 나는 상사를 위해 충분히 일했는가, 아닌가? 그는 왼쪽으로 달려갈까, 오른쪽으로 달려갈까? 그녀는 저 카드 두 장을 가지고 날 속이고 있는 걸까? 사회적 동물인 우리가 깨어 있는 한 타인의 의도를 알아내려고 하지 않는 순간은 거의 없다. 타인의 생각과 느낌을 헤아리는 것은 수년간 광범위한 연구의 주제가 되어 왔다.

최근에는 이 마음 읽기의 탐조등이 더 넓게 방향을 바꾸고 있다. 사기꾼들의 마음을 읽는 것이다. 그들은 누구인가? 어떤 사람들은 궁지에 몰려 있다. 나는 어떻게 대응하는가? 나는 공감적인가 적대적인가? 이 문제들은 파르마 대학교의 이탈리아 출신 신경생리학자인 지아코모 리조라티가 지난 10여 년간 수행해 온 독창적이고 상상력 풍부한 연구를 통해 새로운 주목을 받아 왔다. 원숭이로 연구를 하는 리조라티와 그의 동료들은 거울 뉴런mirror neuron으로 알려져 있는 것을 발견했다. 이 뉴런은 누가—두뇌 활동이 기록되는 원숭이든 다른 원숭이든—몸짓을 하든 그 몸짓에 반응하는 뉴런이다. 원숭이가 포도에 손을 뻗을 때 그 원숭이의 전전두엽 부위의 신경이 발화되는 것이 기록된다. 그리고 다른 원숭이나 인간이 포도에 손을 뻗을 때 그 행위를 관찰하는 원숭이의 뉴런 또한 발화된다. 요약하자면 뉴런은 자신의 행위와 동일한 목표를 갖는 타인의 행위 둘 다에 반응한다는 것이다.[1]

이 발견은 타인의 감정을 이해할 때 흉내와 모방이 하는 역할에 대한 여러 이론들과 발견들을 낳았다. 우리는 다른 사람의 정서 시스템이 활성화된다고 상상하는 방식으로 우리 자신의 정서적 뇌 시스템을 활성화해서 타인의 마음 상태를 실제로 흉내 낼 수 있다. 우리는 우리 자신 안에 있는 감정들을 통해, 타인의 감정을 이해할 수 있다. 사회 체계가 작동하려면 다른 이의 마음을 읽어야 한다.

우리는 진화를 통해 주어진 도구를 사용해서 '마음을 읽는다'. 우리는 타인의 얼굴 표정을 읽어서 그 사람의 마음을 추론하는 세련된 능력을 가졌다. 우리는 타인의 정서 상태를 정신적으로 흉내 냄으로써 그 사람이 어떻게 느끼는지를 안다고 생각한다. 이런 것들을 하기 위해 뇌는 여러 메커니즘을 가진다. 마음 읽기 같은 자연적 방법 외에, 뇌기능 자기공명영상 기술(fMRI), 뇌의 전기 기록, 열센서, 그리고 다른 새로운 하이테크 기술로 다른 사람의 마음을 '읽을' 수 있다. 우리는 서로의 마음을 읽으려고 이것저것 뭐든 하는 상황에서부터 타인의 마음 상태에 대한 물리적 증거를 얻는 상황에까지 도달했다.

어떤 사람이 편견을 품는지 아닌지에 대한 예를 들어 보자. 우리는 우리가 억누르거나 부정하려고 하는 편견들로 가득 차 있다. 새로운 뇌 테크놀로지는 뇌를 엿볼 수 있고, 백인 예일 대학교 학생의 정서적 뇌 회로가 마틴 루터 킹 목사처럼 잘 알려진 흑인의 얼굴에는 반응하지 않지만, 알려지지 않은 흑인의 얼굴에는 반응하여 활성화한다는 것을 보여 준다. 예일 대학교의 엘리자베스 펠프스와 그녀의 동료들은 기능적 자기공명영상(fMRI)를 사용해서 편도체—정서, 정서적 학습과 정서적 평가와 연관된 뇌의 부분—가 백인 미국인이 낯선 흑인 얼굴을 볼 때에는 활성화되지만 마이클 조던, 윌스미스와 마틴 루터 킹 목사처럼 친숙하고 긍정적으로 여겨지는 얼굴을 볼 때는 활성화되지 않는다는 것을 발견했다. 이 연구로부터 내려진 결론은 "백인 피실험자가 흑인과 백인의 얼굴을 볼 때 나타나는 편도체의 반응과 행동 반응은 개인 경험에 의해 변경된 사회집단의 문화적 평가를 반영한다"는 것이다.[2]

우리는 뇌 영상 기법이 실제로 무엇을 알려주는지에 대해 신중해야 한다. 뇌 안의 과정들은 인종으로 사람들을 범주화하는 것을 가능하게 하는 것 같다. 이것은 인종주의자가 되는 것과는 다르다. 이런 범주화 능력이 인종주의와 연관되어 있긴 하겠지만, 그 능력이 있다고 해서 인종주의자가 되는 것은 아니다. 인종주의를 탐지하는 기술을 가지면 도움은 되겠지만, 스탠포드 대학교 법과대학의 법률가이자 교수인 행크 그릴리가 지적한 것처럼 "법이 제기하는 문제들과 신경과학이 답하는 문제들이 항상 같은 것은 아니다."[3] 인종주의라는 개념과 인종이라는 개념은 큰 차이가 있다.

캘리포니아 대학교 산타바버라 캠퍼스의 로버트 쿠르즈반과 그의 동료들은 사람들이 만나는 이들을 인종으로 나누어 부호화한다는 주장과[4] 인종에 기반한 범주화는 인종주의의 선결조건이라는 주장을 검토했다. 쿠르즈반의 발견들은 다른 범주화(예컨대, 동일한 색의 옷)가 인종에 관한 범주화보다 더 강하게 신호를 보내면 인종에 기반한 범주화는 감소한다는 것을 보여 준다. 그들은 인종주의가 "순간적인 것일 수 있고 사회적 협력의 병렬 시스템에 연결되어 능동적으로 유지되는 한에서만 지속되는 구성물"[5]이라고 한다. 다른 말로 하면, 인종주의적 생각들은 자동 반응적으로 타인을 특정 인종으로 보는 것이 아니다.

펠프스가 발견한 것과 같은 연구들이 특정 뇌 활동과 인종주의의 연관성을 증명한다 해도, 인종주의적 생각이 필연적으로 인종주의적 행동을 하게 만든다는 것은 증명하기 어렵다. 그런 제안은 편파적이고 위험한 것이다. 그런 종류의 일대일 대응은 결국 방향 설정이 잘못된 것으로 판명날 것이다.

작가인 친구에게 "나는 휴가를 내서 소설을 쓰고 싶다"고 말한 변호사의 이야기를 생각해 보라. 그 작가는 다음처럼 대답했다. "그것 참 재미있네, 나도 언젠가 자네가 다루는 사건들 중 하나를 다뤄 보고 싶다고 생각하고 있었네."

이 농담에 담긴 해학은 단순한 편이다. 실제로 우리는 모두 나름의 이야깃거리가 있다. 왜 그런가? 이것은 지나친 오만이 아니다.

우리 마음은 항상 사건을 해석하고 말을 만들어 내고 이론을 고안하고 있기 때문이다. 한 쌍의 사실들만 있으면 이야기를 만들어 낼수 있다. 내가 언급한 연구들은 그런 자료들을 보여 주며 "백인 학생들은 낯선 흑인 얼굴에 반응을 하는데, 왜냐하면 강도를 당할까두려워하기 때문이다. 따라서 백인 남성은 뿌리 깊은 편견을 가지고 있다"고 말할 수 있다. 이 이야기를 좀 더 밀고 나가면 백인 남성이 낯선 흑인 얼굴에 강하게 반응하게끔 되어 있다고 주장할 수도 있다. 그래서 어두운 곳에서 만난 흑인에게 총격을 가한 경찰관은 설령 그 흑인이 무기를 소지하지 않았음에도 불구하고, 책임이없다고까지 할 수 있다. 결국 흑인의 얼굴에 반응을 한 편견을 가진실체는 그의 뇌이지 그 경찰관은 아니라는 것이다.

이것은 우리가 법정에서 논의되기를 원했던 주제가 과학을 가장해서 나타난 이야기인가? 나는 그렇게 될 거라 생각하지 않는데, 왜냐하면 동일한 사실로부터 다른 이야기를 만들어 내는 것이 쉽기때문이다. 뉴런은 낯선 얼굴에 반응하면서 활동하는데, 불쾌한 이웃이나 영화에서의 악인 혹은 싫은 동료를 연상시키기 때문이다. 뇌 영상은 매혹적인 자료들을 제공하지만 그 자료들은 논쟁의 여지가 있다. 변호사가 좋은 소설을 정교하게 쓰는 데 필요한 기술들을 과소평가해서는 안 되듯이, 신경과학자들은 다른 종류의 증거에 대한 사례를 참고하면서 실험을 계속하고, 변호사들을 법정에 서게해야 한다.

그러나 신경과학자들을 계속 법정 밖에 있게 하는 것은 어려울것이다. 그들은 이미 법의 무대로 초대되고 있다. 신경윤리학자들은 뇌 영상이 궁극의 거짓말 탐지기가 될 것인지를 의심하기 시작한다. 신경과학자들은 정서적 반응에서 보이는 편견을 영상으로 확인하기 시작했고, 변호사들은 그런 정보를 법정에서 증거로 사용하고 싶어 한다. 지금까지 우리는 흥미진진한 연구들을 보았다. 이 연구들은 시사적이지만 누군가에게 죄를 부여하기 위해 사용되기에는 결정적이지 않다. 이 연구들은 DNA 증거나 손가락 지문이 가지는 특이성과 신빙성은 가지고 있지 않다.

하지만 뇌가 죄를 부여하는 시대가 되었다는 점은 의심할 수 없다. 신경과학은 믿음, 자아에 대한 이미지, 편견에 대한 성향을 탐지할 수 있다. 탐지 가능한 정서적 반응이 여기에 있다는 것을 알면 우리의 인지적 사생활이 과연 남아날 수 있을까?

수정헌법 제5조는 개인에게 불리한 진술을 강요받지 않도록 고안되었다. 실제로 이것은 한 개인이 법정에서 자신에 불리하게 사용될 수 있는 증거를 제공하는 언어적 자기부죄self-incrimination를 말한다. DNA나 지문(둘 다 뇌영상보다는 자기부죄를 하기에 더 정확하다)처럼 피고의 몸으로부터 나온 자기부죄적 증거는 허용되어 왔다. 뇌는 언어 같은 정신 활동을 가능하게 한다. 어떤 테스트에서 한 사람이 이전 경험이나 현재 느낌에 기반하여 언급하기를 거부하거나 폭로했던 문제들이 있다면, 이제는 뇌에게 그 질문들을 할 수 있다. DNA 테스트가 필요했던 것처럼 뇌의 그런 자료들이 필요하게 될 것인가? DNA 테스트와 관련하여 사생활의 문제가 제기되었던 것처럼 뇌의 문제에도 법정이 인지적 사생활의 문제를 제기할까? 어떤 사람의 정신적 상태를 알 권리는 사생활 침해의 문제와 어떤 상황에서 부딪치는가?

내 생각에는 앞으로 수년간 위험한 카드가 제시될 텐데, 이 카드는 법정에서 꺼내면 안 된다. 지성인들—변호사, 작가, 정신건강 전문가들, 그리고 약간의 신경과학자들—은 신경과학이 확실히 마음을 읽을 수 있다고 주장할 것이다. 피고측이나 원고측 중 어느 한쪽이 물리적 테스트에 대한 해석을 제시하면, 특정 뇌 활동 패턴이 특정 행위에 대응하는 것처럼 보일 것이다.

DNA 정합성이 확실하게 증명되면 누가 죄에 연루되었는지를 실질적으로 확보할 수 있다. 그러나 마음 상태를 읽는 것은 이와는 또 다른 문제이다. 변호사는 물리적 증거를 좋아하고 판사는 그것을 믿는다. 배심원들은 존 힌클리 주니어가 부분적으로 정신이상이라는 것을 알았는데, 왜냐하면 하버드 대학교의 정신과 의사가 힌클리의 세 번째 뇌실이 확장되었다는 것을 보여 주면서 정신분열을 앓았다는 증거라고 주장했기 때문이다. 그러나 어떤 생각—심지어 정신분열적 생각—을 한다고 해서 그런 생각이 특정 행동을 하게 만들 것이라고 예견할 수는 없다. 생각과 행동 사이에는 너무 많은 변수들이 있다.

신경생물학적 거짓말 탐지기

기만이나 의도적인 진리 왜곡은 오랫동안 심리학적 흥미를 끌어 왔으나 최근에 와서야 신경과학적 탐구의 주제가 되었다. 1996년

라마찬드란은 우반구 발작을 앓았던 환자들에 대한 연구를 보고하였고 이 환자들은 "지금 당장 (팔다리를) 움직이고 싶지 않을 뿐이다"라고 하거나 혹은 "관절염이 있다"라고 말하면서 자신들의 마비 상태를 부정했다(일종의 자기기만이다). 라마찬드란은 정상인들에게 있어 좌반구는 작은 변화들에 대처하고 일관성을 부과하기 위한 자기기만과 관련이 있을 것이라 추측했다. 그러나 그 변화들이 한계점을 넘어서면, 우반구가 일종의 '패러다임 전환'을 만들어 내려고 개입한다. 이 기획에서 부정(그리고 기만으로 이끄는 합리화)은 좌반구에서 발생하고 우반구는 허용된 기만의 양을 조절한다. 사실 어느 정도의 자기기만은 유익할 수도 있다.[6] 예컨대 당신이 타인들보다 더 낫다는 믿음이나 그와 관련된 자기 계발은 더 긍정적인 세계관을 가지도록 도울 수 있다. 고등학생의 80퍼센트는 그들 자신이 평균 이상의 리더십을 가지고 있다고 보고했고, 대학 교수의 94퍼센트는 그들 자신이 같은 직업을 가진 이들 중 중상위권에 속한다고 믿는다.[7]

다른 사람을 속이는 것과 관련된 신경 상관물은 어떤가? 펜실베이니아 대학교의 대니얼 랑글레벤과 그의 동료들은 2001년 신경과학회 연례 학술대회에서 사람들이 거짓말을 할 때와 참말을 할 때 뇌 활성화가 다른 양상을 보인다는 것을 발견했다고 보고했다. 《뉴로이미지NeuroImage》에 실린 후속 논문에 상세한 내용이 설명되었다. 피실험자는 기만과 관련된 한 모델인 유죄지식검사Guilty Knowledge Test(GKT)를 수행했는데, 이 검사를 받는 동안 자기공명영상을 통해 그들의 뇌 활동을 추적했다. 유죄지식검사는 피실험자로 하여금 카드 하나를 훔치도록 하고 뇌 영상을 찍기 전에 그 카드를 호주머니에 넣도록 한다. 그리고 나서 뇌영상을 찍는 동안 실험자가 던지는 질문에 모두 '아니오'라고 대답하도록 한다. 피실험자는 다음과 같은 질문들을 받을 수 있다.

질문: 당신은 이 카드를 가지고 있나요?(피실험자에게 하트 2 카드를 보여 준다.)

대답: 아니오.(피실험자는 참말을 한다.)

질문: 당신은 이 카드를 가지고 있나요?(클로버 5 카드를 보여 준다.)

대답: 아니오.(피실험자는 실험자에게 거짓말을 함과 동시에 속이고 있다.)

질문: 이 카드는 스페이드 10인가요?(스페이드 10 카드를 보여 준다.)

대답: 아니오.(피실험자는 거짓말을 하고 있지만 실험자를 속이는 것은 아니다.)

연구자들은 피실험자들이 속이는 동안 뇌의 다섯 영역들이 활성화한다는 것을 발견했다. 그러나 참말을 하는 동안 동일한 영역들—전대상피질, 위전두뇌이랑, 좌측운동앞피질, 운동피질, 그리고 전측두피질—은 조용했다. 대조집단(거짓말을 하지만 속이지는 않는)과 참인 반응을 하는 집단은 동일한 차원의 활동을 만들어 냈는데, 이는 참이 기초적 반응이라는 것을 보여 준다. 따라서 참인 반응을 억제하는 것이 의도적인 속임수에 필요할 수 있는데, 이 생각은 그 활동이 전대상뇌이랑의 억제 영역에서 보여진다는 사실에 의해 지지된다.

또 다른 신경과학 테크놀로지는 피실험자의 언어 반응에 의존하지 않는 방식으로 속임수인지 아닌지를 결정하기 위해 더 직접적으로 뇌 반응을 보는 방법을 발달시켰다. 전산화된 지식 평가 computerized knowledge assessment는 피실험자의 '답'을 결정하기 위해 P 300이라 불리는 뇌파도의 증가와 감소를 측정한다. P 300 뇌파는 1960년대에 발견되었고, 친숙한 소리나 냄새 혹은 광경을 인지할 때 그 진폭이 변화한다고 알려져 있다.[8] 예컨대 만약 당신이 낯선 모자 그림과 오늘 아침에 썼던 모자 그림을 본다면 당신의 P 300은 친숙하게 보이는 후자에 훨씬 강하게 표시될 것이다. 이 기술은 특정 범죄자나 테러리스트 조직이 세세한 사항에 친숙도를 가지는지를 시험하기 위해 사용될 수 있다. 예를 들어, 범죄 장면이 담긴 상세한 사진을 용의자에게 보여 주고 그런 사진과 친숙한지를 알아보기 위해 전산화된 지식 평가 기술을 사용해서 P 300 반응을 얻어낼 수 있다. 이것은 그 사람이 범죄 현장에 있지 않았고, 따라서 범죄를 저지르지 않았다는 증거를 밝혀 낼 수도 있다. 이와 마찬가지로, 훈련받았던 경험이 있는 사람들만 인지할 수 있는 알케이다 훈련 캠프 사진을 볼 때 P 300 반응을 보면 그 사람이 그 캠프를 잘 아는지, 그래서 그 조직과 연관이 있는지를 알려줄 것이다.

전산화된 지식 평가는 1980년대에 로런스 파웰 박사에 의해 개발되었는데, 그는 이 방법을 뇌지문brain fingerprinting이라 칭했고, 이를 상업적으로 이용할 회사를 차렸다. 그는 20여 년 동안 여러 실험자들이 얻은 P 300 반응 자료를 모아서 미국 연방수사국(FBI)이 주목했던 새로운 유형의 '거짓말 탐지기'를 만들기 위한 기술을 발전시켰다. 파웰은 1993년 FBI와 협동 작업으로 '뇌지문' 기술을 사용해서 FBI 훈련을 마친 이들에게 친숙한 이미지에 대한 P 300 뇌 반응을 측정했고, 11명의 FBI 요원들과 4명의 가짜 요원들을 정확히 알아냈다. 2001년 파웰과 FBI 특별 요원인 새런 스미스는 동료들이 논평한《과학수사 저널Journal of Forensic Science》에 유사한 연구에서 발견한 것들을 보고했다. 이 연구는 여섯 명의 피실험자들 각각이 어떤 사건에 참여했었는지에 대하여 그 사건과 관련된 대상들을 인지하는지를 시험함으로써 결정하려는 것이었다. 피실험자들이 자신들의 지식을 숨기도록 시험이 고안되어 있는 경우라 하더라도 연구자들은 다섯 사례들에서 99.9 퍼센트의 통계적 신뢰도와 한 사례당 90퍼센트의 신뢰도로 피실험자가 어떤 사건에 참여했었는지를 확정할 수 있었다.

어느 정도인지는 모르지만 미국 중앙정보국(CIA)은 지금 이 기술을 사용하고 있다.[9] 그리고 1998년에는 파웰의 기술이 법정에는 제출되지는 않았지만 1984년 강간과 살인 혐의를 받았던 제임스 그린더의 기소를 지지하는 증거를 제공했다.[10]

1997년 살인죄를 저지르지 않았다고 주장하면서 주 감옥에서 종신형을 살고 있던 테리 헤링턴의 2000년 탄원 청문회에서, 아이오와 주의 포타와타미 카운티 관할 구역 법정 판사인 티모시 오그래디는 뇌지문을 사용할 수 있도록 했다.[11] 뇌지문 증거를 수용할지를 결정하는 데 있어, 오그래디 판사는 만약 시험을 거쳤으며, 동료들의 검토를 거쳐서 출간되었고, 과학 공동체에서 널리 수용된다면

과학적 증거로 받아들인다는 판례인 다우버트 기준Daubert standard
을 적용했다. 오그래디 판사는 그의 결정이 P 300 자료의 수용 가능
성에 기초하는 것이지, 파웰의 뇌지문 기술에 필연적으로 근거하지
않는다는 것을 문서로 확실히했다. 오그래디 판사는 P 300 기술을
수용하더라도 그 증거들이 원심의 결과를 뒤집을 정도의 증명이 될
수는 없다고 판결했고, 헤링턴의 재심 요구는 기각되었다. 그래도
선례는 만들어졌고, 우리는 법정에서 뇌지문을 사용하기 위한 광범
위한 노력을 보게 될 것 같다.

　전산화된 지식 평가의 사용을 확대하려는 예는 더 많다. 오리건
주의 상원의원 론 위든과 캘리포니아 주의 하원의원 마이클 혼다를
포함한 여러 법안 입안자들은 대對 테러리즘 전쟁에서 전산화된 지
식 평가를 사용하여 조사하는 데 드는 비용 지출을 지지한다. 이를
정치적으로 옹호하는 대부호인 실리콘밸리의 자선가 스티븐 커시
는 '테러리스트들이 공격하기 전에' 공항에서 그들을 색출해 내기
위해 전산화된 지식 평가가 홍채 스캐닝과 함께 사용될 수 있다고
주장했다.[12] 커시는 어떤 사람으로 하여금 적절히 선택된 이미지들
을 10분 동안 보게 할 때의 P 300 반응을 기록해서 그 사람이 알 케
이다 훈련을 받았는지를 결정할 수 있다고 믿는다. 그의 더 급진적
인 제안은 비행기로 여행하려는 사람은 누구든 출국하기 수일 혹은
수주 전에 그런 테스트를 받게 해서 그 결과와 생물측정적 확인법
(홍채 스캐닝)을 결합하면 각 개인에 대한 보안 프로필을 만들어 낼
수 있다는 것이다.

　플로리다 주의 미국 자유인권협회 전무이사인 하워드 사이먼 박

사는 전산화된 지식 평가 기술이 현재 사용되고 있는 시스템보다 시민의 자유를 덜 침해한다고 생각하기 때문에 그 제안을 지지한다.[13] 전산화된 지식 평가는 인종이나 나이, 성 그리고 모국어 중 어느 것의 영향도 받지 않고, 영어에 대한 지식도 필요로 하지 않는다. 그것은 시각 이미지에 대한 인지기능(혹은 인지기능의 결여)에 반응하는 뇌 활동(P 300 뇌파)의 기록에만 전적으로 의존한다.

뇌지문으로 생각을 감시하다

이런 종류의 주장과 제안에는 통찰보다는 오만함이 더 많다. 거짓말 탐지기 테스트가 거의 아무것도 확실하지 않은 것으로 밝혀진 것처럼, 지금 개발되고 있는 전산화된 지식 평가와 같은 더 복잡한 테스트는 더 많은 불확실성으로 가득 차 있다.

안전을 검사하는 도구로 사용되는 전산화된 지식 평가를 비판하는 사람들은 일반 대중이 알아볼 수 없는 이미지를 발견하는 것이―텔레비전의 영향 때문에―어렵다고 경고한다. 범죄의 경우, 이 검사 도구를 사용할 때 그 기법은 각 사례에 맞게 재단되어야 하고, 그 결과는 이미지를 고안한 만큼만 유효할 것이다. 또 다른 종류의 정신적 외상에 대한 기억이나 무해한 기억들 혹은 방해물들이 반응을 야기할 수도 있다. 그런 분석이 더 세세한 맥락까지 반영하려면 수년이 걸릴 것이며, 확실하더라도 그 자료가 실제로는 잘못되었을 가능성도 있다.

다른 비판자들은 전산화된 지식 평가가 사고의 자유를 침해하게 될 것이라고 두려워한다.

뇌지문으로 생각들을 감시하고 그런 '자료를 채굴하는datamining' 가능성이 커짐에 따라 우리는 사생활과 자율성을 더 크게 침해당할 지경에 이르렀다. 따라서 '생각 범죄자'라는 오웰의 개념이 지금보다 더 현실적인 적은 없게 되었다.[14]

이와 비슷하게, 인터넷 사이트 '인지적 자유와 윤리학 센터Center for Cognitive Liberty'는 뇌지문은 "결국 정치적으로 제도화된 정신적 감시가 어떤 것일 수 있는지를 보여 주며, 개인적 자유"를 위협한다고 독자에게 경고한다.[15]

전산화된 지식 평가가 줄 수 있는 이득과 피해에 대한 대담한 주장들은 신경과학이 알려줄 수 있는 것을 넘어서 있다. 이 새로운 기술은 가치 있는 정보를 제공할 수 있지만 그렇다고 그것이 필연적으로 마음에 대한 정보인 것은 아니다. 이 기술은 마음을 읽는 장치가 아니다. 게다가, 뇌파에 대한 정보를 사용해서 어떤 사람의 생각과 의도에 대한 이야기와 이론을 만들어 낼 권리가 우리에게는 없다. 뇌파 정보로부터 만들어 낸 이야기는 기껏해야 상황적 증거이거나 소문이고, 법정에서 어떤 이론을 만들어 내는 것은 과학을 오용하는 것이다. 신경과학은 두뇌나 뇌파검사 기록에서 생각들이 어떻게 보여지는지에 대해 논쟁의 여지가 없는 확실한 증거들을 가지고 있지 않으며, 모든 생각은 뇌 안에서 만들어지지만 우리는 그런 생각들을 아예 읽을 수 없을지도 모른다.

컴퓨터는 나의 마음을 읽을 수 있을까?

기능적 자기공명영상으로 마음의 상태를 읽으려는 것은 항상 커다란 실천적 문제를 제기한다. 자기공명영상 스캐너는 그 크기가 방만 하고 수백만 달러짜리 기계여서 사용하기에 비쌀 뿐 아니라 용이하지도 않다. 뇌 스캔 기술을 아주 저렴하게, 그리고 휴대 가능하게 해서 실생활에서 사용할 수 있을까? 이런 아이디어는 계속되겠지만 현실화될 것 같지 않다. 이런 장애물은 최근 수년간 아주 영리한 사람들로 하여금 어떻게 마음을 읽을 것인가에 대한 아이디어를 만들어 내도록 자극했다. 신경계산neurocomputation이라 불리는 신경과학의 하위분야의 선도자인 테리 세즈노프스키는 어떤 사람이 참말을 하고 있는지를 알아내기 위해 순간적인 얼굴 움직임을 탐지할 컴퓨터-비디오카메라 결합물을 만들고 있다. 심리학자인 폴 에크먼은 사람들이 누군가를 속일 때 나타내는 미묘한 얼굴 표정을 집중적으로 연구했고, 세즈노프스키는 이 자료들을 그의 기술과 통합시키기를 희망한다.[16]

또 어떤 과학자들은 얼굴 표정으로 정서를 인식할 수 있는 컴퓨터를 만드는 작업을 하고 있다. 기술자인 데이브 슈라에어는 기분을 탐지할 수 있는 새로운 ATM 기계를 개발하려고 한다.[17] 소비자가 ATM 사용요금을 지불하는 대신(그날그날의 기분에 맞추어진) 광고를 보는 것으로 그 요금을 대체할 수 있다면 바람직할 것이다. 만약 당신이 ATM에 접근할 때 슬프다고 느낀다면, 항우울제 광고를 보게 될 수도 있고, 또는 그 광고를 보고 화나거나 짜증이 난다면 그 ATM 기는 당신이 그걸 다시 보고 싶어 하지 않는다는 것을 알 것이다.

ATM을 개발하는 것 외에도, 기분을 탐지하는 기술은 다른 분야들에서 사용될 수 있다. 청과물 가게들은 당신의 기분에 맞는 음식들을 고르도록 도울 수 있다. 텔레비전 프로그램이나 광고들은 당신의 기분에 맞게 방영될 수도 있다. 슬픔을 느끼는가? 웃으려면 〈사인필드Seinfield〉라는 드라마를 보라. 두려움을 느끼는가? 그러면 당신의 텔레비전은 〈스크림 2〉라는 영화를 방영하기에 좋은 밤이 아니라는 것을 '알' 것이다. 만약 당신의 차가 기분 탐지기를 장착하고 있다면 당신이 화가 나거나 눈이 감기거나 운전하기에 너무 졸린 얼굴을 할 경우 시동이 걸리지 않을 수도 있다. 게다가, 치료사들도 환자들의 정서를 검증하거나 심지어는 '자살할 얼굴', 즉 어떤 사람이 자살을 하기 전날 보인다고 보고되어 온 희망을 잃은 생기 없는 표정을 탐지하는 데 그 기술을 사용할 수 있다.[18]

내 생각에 얼굴과 정서 인식 기술은 곧 우리의 일상생활에 도입될 것이다. 앞서 언급한 것처럼 ATM 회사들은 이 기술을 활발하게 연구하고 있고, 일단 이것이 공개되면 다른 회사들과 조직들도 자연스레 따라할 것이다. 머지않아 우리는 우리 기분에 반응하는 개인화된 광고들에 둘러싸일 것이다. 여기서 윤리적 딜레마들이 생긴다. 첫째, 그런 기술을 사용하는 것은 사생활 침해인가? 회사는 그런 기술들을 사용해서 식료품 가게나 약국 혹은 옷가게들이 지금 하는 것처럼 우리의 구매 패턴이나 정서 상태에 대한 자료를 수집할 수 있을 것이다. 그런 정보를 가지고 있을 권리가 있는가? 더 나아가, 우리는 어떻게 우리에게 사용되는 기분 탐지 기술에 동의할 것인가? ATM은 우리의 정서를 스캔하기 위해 우리의 허락을 받아야 하는가, 아니면 ATM을 사용할 때 자동적으로 그것에 동의하게 되는가?

이 모든 것은 어디서 왔으며, 누가 이것을 좋은 아이디어라고 말했는가? 만약 이전의 아이디어들 중 10퍼센트가 통과하게 된다면 국가의 자료 은행은 당신이 여러 상황들에 대해 가지는 정서 상태들에 대한 정보로 가득 차게 될 것이다. 그리고 만약 이 정보가 국가적인 데이터베이스가 된다면 다른 사람들도 이용 가능하게 될 것이다. 누구나 반사회적 생각을 가끔 하지만 시민들을 생각해서 우리는 그런 생각을 억제하거나 (혹은 적어도 가리려고) 해야 한다. 그런 생각을 하더라도 우리의 행위와 행동은 전적으로 정상적이고 비강제적이다. 실제 마음 상태와는 아무런 관련이 없는데도 ATM이 범죄로 기소된 사람의 기분을 기록하는 데 사용될 수 있는지를 상상해 보라.

새로운 하이테크놀로지를 사용해서 마음 상태에 대한 이미지를 얻는 것은 심각한 문제를 제기한다. 우리의 가장 깊숙한 자아는 상실되고 시장성 때문에 자아동일성이 외부로 나타나게 된다. 실제로 이런 일이 발생하기를 원하는가?

사생활 침해에 관한 우려는 이미 너무 늦었다. 많은 테크놀로지들은 계속 발전되고 있고, 우리의 행동, 구매 패턴, 의료 기록들, 그리고 소비 성향을 추적하는 데이터베이스는 이미 자리를 잡았다. 당신의 관심사를 추적해서 관련이 없는 것들을 광고하는 데 시간을 허비하지 않으려고 아마존 같은 온라인 상점은 당신의 컴퓨터에 보이는 "쿠키" 신호를 만들어 내고, 당신이 좋아하는 것으로 보이는 상품의 소비를 증가시키려고 슈퍼마켓 계산대에서 당신의 기호에 맞게 쿠폰이 만들어진다. 이렇게 사생활 문제는 사실상 이미 끝났다. 개인적 결정에 대한 어떤 것도 사적이지 않다는 것이 더 정확할 것이다. 당신의 선호도와 편애는 실제로 모든 곳의 공장들과 구역들을 마케팅하는 데 이용할 수 있다.

전망

새로운 신경과학적 발견들과 기술들이 실험실이나 실제 세계에 적용되는 마음 기능들을 탐지하게 되면, 많은 이들이 사생활과 언론과 사상의 자유라는 법적 권리에 대한 근본 문제들을 제기할 것이다. 수정헌법 제5조의 문제는 가장 명백하다. 헌법 제1조는 정부가 "언론의 자유, 출판의 자유를 빼앗는 것, 혹은 사람들이 평화롭게 모일 권리를 빼앗는 것, 그리고 불공평을 시정하도록 탄원할 권리를 빼앗는 것"을 금지한다.[19]

그러나 우리가 자유롭게 생각할 수 없다면 이런 권리들을 자유롭게 누릴 수 있을까? 과거에는 법원이 헌법 제1조에 따라 언론의 자유를 보호할 것을 지지했다.[20] 사상의 자유는 최근 연방 대법원에서 마음에 대한 로 대 웨이드Roe v. Wade 판결(1973년 낙태할 권리를 사생활권의 일종으로 인정한 판결로, 법관의 보수와 진보적 성향을 가늠하는 시범 케이스로 사용되어 왔다—옮긴이)로 불릴 수도 있을 찰스 토머스 셀이 미국 연방 정부를 상대로 한 사례에서 다시 추구되었다. 탄원자인 셀은 "재판을 받게 하려고 그의 의지에 반하여 정신병 치료를 받게끔 정부가 허락하는 것은…… 수정헌법 제1조, 제5조, 제6조에 보장된 권리를 침해한다는 탄원자의 주장을 거부하므로 항소는 잘못되었다"고 주장했다.[21] 강제로 투약을 하는 것이 셀이 보호받아야 할 사상의 자유를 침범하는 것인가?

2003년 6월 16일 대법원은 더 큰 문제를 피했고, 그래도 6대 3으로 셀을 옹호하는 판결을 내렸다. 조지 안나스가 《뉴잉글랜드 의학 저널》에서 이 사례를 검토했을 때 "관할 법정의 판사는 셀이 그 자신이나 다른 사람들, 그리고 법정이 동의했던 탄원에 위험하지 않다는 것을 발견했기 때문에, 대법원은 셀이 위험하지 않다고 가정했다. 이 가정에 기초해서, 법정은 '셀을 재판에 세울 자격을 부여하려고' 셀에게 강제로 투약하는 것을 승인하려고 항소한 결정을 뒤집었다. 셀에게 특정 약물이 투여되었을 때의 효과가 제시되면 재판의 공정성에 대해 치안 판사나 관할구역 법정이 어떤 결정도 내릴 수 없고, 이 어려움은 판결에 영향을 미칠 수 있다. 법적 표현을 사용하면, '특정 약물이 피고인을 조용하게 하든, 변호사와의 대화를 방해하든, 재판을 받을 때 재빠른 반응을 못하게 하든, 아니면 감정 표현 능력을 감소시키든 그것은 재판에 설 권한을 복구하기 위한 투약의 허용 가능성을 결정하는 데 중요한 문제들이지만, 위험성이 주된 문제가 되면 필연적 관련은 없어진다."[22]

신경과학은 이제 막 뇌를 다루기 시작했지만 마음 읽기는 그렇지 않다. 셀의 경우 정부는 정신병을 앓고 있던 사람에게 약물을 사용해서 특정한 정신 상태로 만들고자 했다. 어떤 사람의 생화학적 환경을 정신적으로 유능하게 만들려고 조작하는 것은 완전한 꿈이다. 정신병 치료약은 장애의 징후만 치료하는 것이지, 그 기초가 되는 구조 자체를 치료하지 않는다. 강제적 투약의 문제는 미래의 신경과학자들을 앞으로 진행될 수년간의 논변들로 이끌고 간다. 이런 문제들을 논의하는 것과 그 문제들을 깊이 아는 것은 아주 다른 문제이다. 뇌 세포를 화학적으로 조작해서 특정한 마음 상태를 만들어 낸다고 주장할 수 있으려면, 신경과학이 많은 작업을 할 필요가 있다.

뇌 상태가 어떻게 정신 상태와 관련되는가에 대한 현재의 지식은 제한되어 있고, 그래서 뇌 정보를 사용하는 거짓말 탐지기와 약물에 의해 만들어질 수 있는 정신 상태의 가능성은 법정 밖에 있을 필요가 있다고 나는 믿는다. 왜냐하면 '마음 읽기' 테크놀로지는 사실상 마음을 읽는 것이 아니기 때문이다. 그것들은 맥락적으로 해석되어야 할 자료들일 뿐이다. 신경과학은 뇌를 읽는 것이지, 마음을 읽는 것이 아니다. 마음은 뇌에 의해 완전히 가능하게 되지만, 전적으로 다른 실체다.

제8장

뇌의 기억은
불완전하다

기억한다는 것은 작동하고 있는 과거의 경험에 대해 우리가 가지는 태도로부터
만들어지는 상상적인 재구성 혹은 구성이다.   **프레더릭 버틀렛 경**

우리가 기억하는 것들 중 참인 기억들이 있다는 것은 정말 놀라운 일이다. 우리는 풍경이나 경험 그리고 동기를 원본 그대로 저장하는 디지털 카메라가 아니기 때문이다. 우리는 어떤 주어진 시점에서, 특정 맥락에 따라 때와 장소에 맞게 정보를 저장한다. 모든 기억들은 시공간의 꼬리표를 달고 있고, 이 꼬리표는 계속 분실되거나 손상된다. 그 결과는? 회상된 기억은 불완전하다.

새로운 정보를 배우고 기억하는 것, 특히 정확하게 기억하는 것이 왜 그렇게 어려운가? 하나의 이유는 뇌는 현대 세계에서 알아야하는 종류의 것들을 기억하도록 만들어져 있지 않다는 것이다. 나

는 이런 사실을 나의 시골집 앞 벌판에 난 풀을 베는 경험에 비유하기를 좋아한다. 매년 나는 덤불을 헤치고 나와 무릎 높이만큼 자란 풀들 사이를 운전해서 광야를 가로질러 출근한다. 그런데, 그 풀들 아래에는 깊은 구덩이들이 숨어 있어서 자칫 차가 뒤집혀 큰 상처를 입을 수 있다. 그래도 8년 전 처음 탐색해 본 후 그 구덩이들이 모두 어디에 있는지를 알았고 그 후에는 그 구멍들 가까이 가면 멈춰 서서 그 주변을 천천히 빠져나갈 수 있게 되었다. 즉 뇌는 실제의 물리적 공간 어디가 위험한지를 기억하는 것과 같은 구조적인 작업을 위해 만들어졌다. 만약 누군가가 처음 그런 위험성을 보고 멈춰 서서 "우리는 당신이 여기를 기억하기를 바란다"고 말했다면, 그것을 계속 연습하지 않는 한 나는 그 정보를 보유하지 못했을 것이다. 우리의 뇌는 인지적 정보를 학습하기를 좋아하지 않는다. 그러니 뇌가 실수를 하는 것은 놀라울 것이 없다. 실제로 실수는 아주 많이 일어난다.

지난 세기 영국의 심리학자들 중 최고참인 프레더릭 버틀렛 경은 기억이 사회적이고 문화적인 현상이지, 절묘한 정확성을 가진 뇌 안에 각인되는 사건은 아니라고 믿는 사람들 중 하나다. 이 견해는 많은 지지를 얻고 있는데, 그렇다고 인간의 기억이 완전히 잘못되었다거나 의미가 없다는 것은 아니다. 현대의 연구들은 경험의 핵심적인 부분에 대한 기억은 잘하지만 세부사항에 대한 기억은 잘 못한다고 생각하게 한다.

그래도 '핵심적 기억'들도 종종 문제를 일으킨다. 우리는 어떤 것에 대해 잘 알지도 못하면서 기억하는 무수히 많은 '잘못된' 기억을 가지고 있다. 실제로 벌어지지도 않았던 대화나 의사소통, 그리고 생각도 안 나는 파티를 회상한 적이 얼마나 많은가? 더 당황스러운 것은, 당신이 어떤 사건에 대한 하나의 해석을 완전히 받아들이면서도 다른 사람으로 하여금 완전히 다른 해석을 하도록 한 적이 있지 않은가? 우리는 항상 우리 기억이 맞다고 자신만만해한다—심지어 일어나지 않은 사건들에 대한 기억조차도. 그래도 우리 인생 대부분의 사건들을 완벽하게 회상하지 못한다고 해서 무서운 결과가 초래되는 것은 아니다. 할머니의 80세 생일 잔치를 비오는 날에 할머니의 집에서 한 것이 아니라 화창한 날 당신의 집에서 했다는 것을 기억할 수 있다는 사실이 그렇게 중요한 것은 아니다.

인간의 뇌는 과거에 대한 잘못된 기억을 확실하게 하는 방식으로 만들어진다. 우리는 들어오는 모든 정보를 자신에게 유리하게 해석한다. 주어진 순간에, 우리는 기억의 요소들—우리 자신에 대한 관점과 집중도 그리고 그들 사이의 정서적 상태—에 따라 현재 들어온 정보들 중 한 측면에만 주목할 수 있다. 나중에는 다른 측면들에 주목할 수도 있을 것이다. 두 번째 회상할 때 첫 번째의 기억과 혼동하면 우리의 뇌는 원래의 상황과 두 번째 회상할 때의 다른 상황들을 조화시키려고 이야기를 만들어 내기 시작한다. 두 사건들을 섞어서 기억 혼합물을 만들어 내기 시작하면서 두 이야기들을 갑자기 혼동한다. 정확한 기억이란 이상적인 상황일 뿐 실제는 그렇지 않다는 것은 슬픈 사실이다.

과거 기억들을 혼합해서 혼동하는 것은 파악하기 쉽다. 우리는 현재 진행되는 일들과 과거의 기억들을 '실시간으로' 혼합한다. 고정관념과 관련된 행동 연구를 예로 들어 보자. 최근의 연구들은 특정한 순간에 활성화되는 기억들이 행동 수행에 영향을 줄 수 있다는 것을 보여 준다. 한 연구에서 아시아인 여자 대학생들이 수학 시험을 보았고 이 집단의 평균 점수는 높았다. 두 번째 집단도 같은 시험을 보았는데 시험을 보기 전 그들 자신이 여성이라는 사실을 상기하도록 하였다. 이들의 점수는 더 낮았다. 세 번째 집단은 시험 전에 그들 자신이 아시아인이라는 사실을 상기하도록 했다. 그러자 그들은 첫 번째 집단의 평균 점수보다 더 높은 점수를 받았다. 고정관념들—편견을 이끌어내는 활동적인 의식적 기억—은 새로운 정보를 다르게 처리하는 인지 메커니즘을 구성한다.[1]

어떤 종류의 기억은 실제 상황을 아주 충실하게 반영하지만 대부분은 그렇지 않다. 우리가 소유하는 이 거짓 기억 시스템은 편의를 제공한다. 과거라는 문자 그대로의 기억을 가지고 사는 것을 누가 원하겠는가? 우리가 기분을 전환하려고 긴장을 풀거나 자가 치료를 하는 습관들은 기억을 약간 사라지게 해서 그렇게 하는 것이다. 퇴근 후에 마시는 마티니나 해변가에서 보내는 휴가 그리고 마약 중독까지, 이 모든 것이 안개 낀 렌즈를 통해 과거를 보려는 시도들이다.

진화의 관점에서 기억을 이해하는 철학자이자 인지과학자인 대니얼 데닛은 다음과 같이 말했다. "어떤 적응적 목적을 성취하려는 가능성을 증가시키려고 저장된 정보를 모으는 유일한 유기체는 기억으로부터 이득을 얻을 것이다"[2] 진화론적 관점에서 보면 우리가 완벽한 기억을 가지는 것은 필연적이지 않다. 예컨대 커다란 검은

곰과 만났을 때 우리는 곰에 대한 정확히 상세한 부분들을 모두 기억할 필요는 없다. 대신 핵심만을 기억해서 곰이 나타날 경우 어떻게 해야 하는지를 알아야 할 것이다. 즉 큰 곰을 만나면 그 곰을 화나게 해서는 안 된다. 그렇지 않으면 그 곰이 나를 해칠 것이다. 경험의 중요한 부분을 저장하는 것은 복잡한 세부사항들보다는 사건들의 핵심을 더 잘 기억하도록 우리 기억이 진화한 이유일 수 있다.

신경과학과 법의 만남

기억된 과거라는 것이 순수하지 않다는 사실을 더 많이 알면 알수록, 뇌는 녹음기가 아니라는 완고한 사실이 특히 법정에서 드러난다. 목격자의 증언은 사법체계에서 중요하다. 대부분의 사람들은 기억을 거대한 창고 같은 것으로 생각한다—창고를 샅샅이 뒤져서 정확히 저장된 기억을 찾아 그것을 보고할 수 있다고 말이다. 과학은 기억이 그렇게 조직화된 것이 아니라는 것을 알려주고 있지만, 사회 기관들은 여전히 기억에 대한 오래된 이론을 토대로 일한다. 목격자의 증언에 의존하는 변호사들과 사건을 둘러싼 증언들을 수집하는 경찰들은 목격자가 과거의 기억을 자신도 모르게 왜곡할 수 있다는 것을 알지만, 이것을 통상적인 것이 아니라 예외적인 것으로 다룬다. 그러나 그런 증언을 잘못된 것으로 다루지 못하면 비윤리적인 것으로 간주될 날이 다가오고 있다.

나는 우리 인간 종이 정확한 기억 능력을 가지지 못한 것이 대부분의 사람들에게 오히려 잘 된 것이라고 종종 생각해 왔다. 우리는 하루 종일 여러 가지 상황들을 만나고 셀 수 없는 결정들을 내린다. 만약 물샐틈없는 논리와 예전에 내린 결정이 낳은 결과들에 대한 증명을 토대로 새로운 결정이 내려진다면 우리는 자동기계처럼 될 것이고, 새로운 도전에 적응하지 못할 것이다. 학문적이고 비학문적인 여러 분야들의 연구와 교육을 뒷받침하는 아이디어는 이전의 결론과 더 분명하게 관련된 결정을 하려고 애쓰는 것이다. 이것은 새로운 생각이 만들어질 때 길고 복잡한 논리와 이로부터 파생된 원리들을 유지하기가 왜 어려운지를 보여 준다. 우리의 기억 시스템에 부과되는 일의 양은 점점 거대해진다. 새로운 상황을 다루기 위해 우리는 기존 정보에 가장 근접하고 보조적인 이론을 발달시킨다. 우리는 어떻게 그 이론이 작동하는지를 보고 다음 단계로 나아간다. 이런 의미에서 우리는 공리주의적 윤리학자이고 극단적으로는 상황 의존적이다. 우리의 결정을 완전히 임의적이지 않게 하는 것은 내적인 핵심, 즉 무엇이 그른가보다는 무엇이 더 옳은지에 대한 지표 덕분이다. 우리는 항상 이 내적인 핵심에 호소해서 행위의 마지막 과정에 영향을 준다.

기억에 대한 많은 연구들은 핵심을 이해하는 것과 세세한 것을 보고하는 것은 완전히 다르다는 것을 확인시켜 준다. 이것을 알면 법정에서 증언이 사용되는 방식이 영원히 바뀔 수 있다. 게다가 기억이 어떻게 실제 상황을 왜곡하는지를 이해하게 되면 증언을 획득하는 새로운 기법을 만들어야 한다.

기억을 왜곡하는 데 드는 비용은 인생의 세세한 사건 내용이나 테스트의 정보를 망각하는 데 드는 비용보다 때때로 더 크다. 예를 들어, 한 여성이 그녀의 집에서 강간당했고 그녀가 범인 얼굴의 상세한 세부사항을 신고한 후 범인이 도널드 톰슨으로 확인되었다고 하자. 그 여성은 자신이 그 침입자를 정확하게 기억했다고 100퍼센트 확신하여 보고한다. 그러나 경찰은 톰슨의 알리바이가 완벽하다는 것을 발견했다. 그는 강간 사건이 일어났을 바로 그 시간에 텔레비전 인터뷰를 하고 있었다. 후에 경찰은 그 여성이 공격당할 때 텔레비전 인터뷰를 보고 있었고, 그녀가 톰슨의 얼굴을 강간범으로 잘못 기억했다는 것을 알게 된다.

실제 일어났던 이 이야기는 목격자의 잘못된 기억이 사법체계에 문제를 일으키는 사례들 중 하나이다. 오클라호마 시 폭발물에 대한 조사에 문제가 생겼던 것은 티모시 멕베이의 밴이 주차되어 있던 곳 근처의 자동차 공장 노동자가 멕베이와 함께 있던 또 다른 사람을 보았다고 잘못 기억했기 때문이었다. 이 잘못 기억된 정보에 따라 조사를 시작한 경찰은 '제2의 존 도Jone Doe no.2'를 찾는 데 많은 시간을 소비했고, 결국 밝혀진 것은 그 노동자가 멕베이가 혼자 오기 전인 아침 일찍 다른 두 사람이 오는 것을 보았고, 이 두 가지 별도의 상황들을 섞어서 잘못 기억한 것이라고 결론지었다.[3] 더 최근에는, 기억의 오류가 2002년 워싱턴 시의 빈집털이범 조사를 방해했던 경우가 있다. 여러 목격자들은 빈집털이범들이 흰 트럭에 있는 것을 보았다고 했으나 경찰이 나중에 그들을 체포했을 때 그들은 그들이 범행 기간 내내 사용했던 파란색 차에 있었다. 이 잘못된 기억을 거슬러 올라가면 다음과 같이 구성된다. 첫째, 목격자는 그 빈집털이범의 파란색 차 근처에 있는 흰색 트럭을 보았고, 흰색 트럭 안에 범인들이 있는 것 같다고 잘못 기억했다. 목격자의 보고를 언급하면서, 대중매체는 그 빈집털이들이 흰색 트럭 안에 있는 것으로 보여진다고 보고했다. 대중매체는 며칠 동안 이것을 보도해 왔고, 흰색 트럭이 파란색 차보다 빈집털이범들과 관련되어 있다는 기대가 목격자들의 기억을 완전히 왜곡시켰기 때문에 목격자들이 흰색 트럭을 회상해 낸 것이다.[4]

이 사건들은 기억이 어떻게 작동하는지를 드러낸다. 우리는 어떤 사건의 핵심을 파악하고 이를 범주화해서 꼬리표를 붙일 수 있고 우리가 매일 경험하는 무수한 정보들 속에서 만나게 되는 도전들에 대응한다. 우리의 뇌는 세세한 것들을 원하지도 않고 듣지도 않으며 상관하지 않는다. 물론 어떤 이는 세세한 것들을 기억해 내는 데 탁월하다. 맞다. 기억의 여러 측면들은 사람마다, 나이대마다 광범위하게 변화한다. 이것은 목격자 증언을 사용하는 문제를 주목하게 한다. 만약 우리가 계속 그런 증언에 의존한다면—이런저런 방식으로 그렇게 할 텐데—사법체계는 사람들의 연령과 배경상 규준에 맞지 않는 목격자의 기억의 신빙성을 시험하기 위해 가능한 한 모든 자료들을 제공해 달라고 신경과학에 요청해야 할 것이다.

기억의 일곱 가지 오류

기억 왜곡이라는 오류는 모든 단계—기억의 부호화부터 그것이

재활성화되거나 재저장되는 매시간까지—에서 기억을 오염시킬 수 있다. 어떤 오류들은 기억에 잘못된 정보를 추가하고('위탁의 오류 errors of commission') 다른 오류들은 우리가 정보를 망각하거나 내버려두기 때문에 발생한다('생략의 오류errors of omission').

하버드 대학교의 대니얼 샥터는 기억 망상에 관한 그의 독창적인 연구에서, 기억에 영향을 미치는 생략과 위탁의 기본 오류들이 있다고—그가 기억의 일곱 가지 죄악라고 부르는—주장했다.[5] 그것들은 소멸transience(시간에 따라 흐려짐), 정신없음absentmindness(주의를 기울이지 않아서 잊어버림), 막힘blocking('혀끝에 맴도는' 어떤 것), 오귀속misattribution(강간당한 여성이 텔레비전에서 본 얼굴을 강간범에게 잘못 귀속시킬 때처럼), 암시성suggestibility(매체를 포함한 다른 이들의 기억을 왜곡), 편견bias(우리의 편견이 어떻게 기억에 영향을 미치는지), 지속성persistence(원치 않는 기억을 계속적으로 회상하는 것)이다.

샥터를 안내자로 하여 기억의 죄악들이 법적 문제에 어떻게 영향을 미치는지를 쉽게 볼 수 있다.

■ 사라지는 기억들Fading memories

어떤 기억 오류는 정보가 부족해서 생긴다. 매번 기억이 상실되어서 적절하게 부호화되지 못하거나 경쟁하는 정보에 밀려서 그렇다. 소멸은 가장 심각한 기억 왜곡 중 하나이다. 새로운 기억이 저장된 후에 소멸은 매순간 작동해서 그 기억을 없애 버리거나 애초에 아주 잘 저장되지 않으면 영원히 사라질 것이다. 소멸은 쓸모없는 정보를 제거한다는 의미에서는 좋은 것이다. 17년 전 어느 날 아침 식사로 무얼 먹었는지를 기억할 필요가 있을까? 소멸은 우리 뇌가 너무 많은 외부 정보에 짓눌리지 않도록 '중요한' 정보만 남기도록 하는 것일 수 있다.

기억에 '각인'된다고 생각할 수도 있는 중요하고, 감정을 북받치게 하는 사건들조차도, 그 정도는 약하겠지만 소멸이라는 기억 왜곡을 겪는다. 연구자들은 당신이 9.11 사건 이야기를 들었을 때 어디에 있었는지, 혹은 케네디가 총격을 당했다는 소식을 들었을 때 어디에 있었는지 같은 질문들을 통해서 이런 섬광전구 기억flashbulb memory을 연구해 왔다. 당신은 그런 사건들을 상세하게 기억한다고 생각하겠지만 당신의 기억은 정말로 정확할까? 챌린저 우주선이 폭발한 다음날, 연구자들은 피실험자들에게 어떻게 처음 그 소식을 들었는지를 녹음하도록 했다. 그리고 2년 반 후 피실험자들로 하여금 그 사건을 회상하도록 했다.[6] 피실험자들 거의 모두가 상세히 그리고 아주 자신있게 처음 그 소식을 알게 된 과정을 설명했지만 어느 한 사람도 완전히 정확하지는 않았고, 그들 중 50퍼센트는 '기억을 실제로 잘못 보고했다.'[7] 게다가 기억의 선명도와 피실험자의 자신감은 회상하는 내용의 정확도와 아무런 상관관계가 없었다.

기억은 시간에 따라 급속히 소멸되므로 어떤 일이 일어나자마자 목격자를 인터뷰하는 것이 정확한 기억을 위해 중요하다. 경찰이 목격자를 인터뷰하려고 더 오래 기다릴수록 목격자가 회상할 수 있는 정보는 적어지고 기억은 소멸, 왜곡된다. 재판들은 사건 발생 수년 후에 열리곤 하는데, 이 경우 목격자가 오래전에 보았던 것을 회상하기란 더 어렵다.

■ 정신없음Absentmindedness

우리는 사람들을 만난 직후 그들의 이름을 즉시 잊는 것부터 조금 전에 놓아 두었던 열쇠를 찾지 못하는 경우까지 여러 종류의 정신없음을 경험한다. 왜 이런 일들이 발생하는가? 가장 그럴듯한 이유는 기억을 부호화할 때 세심한 주의를 기울이지 않아서이다. 이런 정신없음은 수많은 잡지들로 하여금 기억술에 관한 기사들을 쓰게 한다. 예컨대 다른 사람이 소개될 때 그 사람의 이름을 되풀이하고 즉시 연상을 만들어 내라—그레첸Gretchen은 불평이 많은 것grouchy처럼 보인다—는 식으로 말이다. '무선장치'가 달린 열쇠고리를 발명한 것도 잘 잊어버리는 것을 방지하기 위한 것이다.

주의를 분할시키는 것도 우리의 기억을 엉망으로 만든다. 우리는 일상생활에서 이것을 해결할 실용적 방법을 가지고 있지만, 분할된 주의 또한 범죄 목격자가 왜 잘못된 회상을 할 수 있는지도 설명해 준다. 즉 목격자가 범죄자의 얼굴이나 식별할 수 있는 특징들에 특별히 주목하거나 차 번호판 숫자를 받아적는 것보다는 그 상황에서 살아나오거나 긴급구조를 요청하는 것에 더 관심이 있었기 때문이다.

■ 막힘Blocking

막힘이라는 현상은 말이 혀끝에서 뱅뱅 돌 뿐 나오지 않는 증상으로 알려져 있는데, 가장 좌절스러운 일상적인 기억 혼란 중 하나이다. 당신은 어떤 단어나 정보 조각을 안다고 생각하지만, 막상 필요할 때는 생각해 낼 수 없다. 이것은 당신의 뇌가 정보를 부호화하긴 했는데 어디에 두었는지를 잊어버린 것과 같다.

막힘은 신경과학자에게 미스터리로 남는다. 무엇이 막힘을 야기하는가? 정보 조각을 나중에는 기억할 수 있지만 당신이 원할 때는 왜 기억하지 못하는가? 연구들이 보여 주는 것은 어떤 유형의 단어들은 다른 유형의 단어들보다 더 잘 막힌다는 것이다.[8] 예컨대 고유명사는 막히기 쉽고 신경심리학적 자료들은 뇌의 특정 부분이 이런 현상과 관련된다는 것을 보여 준다.

왜 막힘이 발생하는가? 어떤 연구자들은 당신이 한 단어(예컨대, 오이cucumber)를 생각하는데, 관련된 단어(예컨대 오이와 비슷한 서양호박zucchini)가 대신 회상될 때, 이 단어가 목표 단어인 오이라는 단어를 억제한 것이라고 한다.[9] 그러면 당신이 서양호박(또는 그 목표단어를 막는 무엇이든)을 생각하기를 멈추면 자발적 회상을 하게 되고, 오이라는 단어가 마침내 튀어나올 것이다. 한 실험은 피실험자가 여러 개의 단어 쌍들(빨강/피 그리고 음식/무우)을 공부한 후 그들의 기억을 테스트했을 때 한 쌍의 단어들(예컨대 빨강/피)을 회상하게 한 뒤 그 연결을 강화하면 다른 쌍의 단어(음식/무우)를 회상하기 어렵게 된다는 것을 보여 준다.[10]

언뜻 보기에, 이 현상은 법정과는 관련이 없어 보일 수 있지만 분명히 관련이 있다. 한 경찰 조사관이 범죄의 특정한 측면에만 관심을 가져서 목격자에게 그 세부사항들을 설명하도록 했다고 하자. 만약 그 경찰이 나중에 이 범죄의 다른 측면들에 대하여 질문하고자 한다면 첫 번째 세부사항을 열거하는 것은 다른 측면의 세부사항들에 대한 기억을 방해할 것이다. 이런 상황이 발생한다는 것이 연구에서 확인되었다.[11]

연구들이 또 보여 주는 것은 사소한 세부사항(특정한 인터뷰 전략들에 의해 방해될 수 있는)이 배심원들에게 중요하다는 것이다. 배심원들은 사소한 세부사항에 대한 지식—그 사건에 중심적인 사항이 아닐지라도—을 가지고 있는 목격자들이 더 믿을 만하다는 것을 알게 된다.[12]

■ 오귀속Misattribution

또 다른 유형의 기억 오류는 잘못된 기억들이 첨가되어 참된 기억이 오염되는 경우이다. 이 경우 우리는 생략 오류처럼 중요한 정보를 잊는 대신 잘못된 정보를 집어넣어서 아예 발생하지 않았던 것들을 기억하게 된다. 이것들은 '잘못된 기억들'이다. 피해자가 공격당할 때 텔레비전에서 인터뷰하고 있던 사람의 얼굴을 강간범의 얼굴로 잘못 기억하는 여성의 사례가 오귀속의 예이다.

오귀속은 수많은 이유로 발생한다. 캘리포니아 대학교 어바인 캠퍼스의 심리학과 범죄학 교수인 엘리자베스 로프터스는 피실험자들이 어떤 사건을 상상하는 것만으로도 상상한 사건을 실제로 발생한 것으로 기억할 가능성이 높아진다는 것을 발견했다. 이 경우, 피실험자들은 그 사건이 상상이 아니라 실제 발생한 것으로 기억하면서 기억의 원천을 잘못 귀속시킨다. 게다가 어떤 사건이 꿈에서 일어났던 것이거나 허구라는 것을 안다고 해도 "피실험자가 그것을 나중에 실제 일어난 것으로 귀속시키는 것을 막지는 못한다."[13] 게다가 잘못된 정보를 단순히 반복하기만 해도 그 정보가 나중에는 참인 것으로 자신있게 기억될 가능성을 증가시키는 것 같다. 이는 소위 환상적 진리 효과illusory truth effect라고 불린다.[14]

마지막으로, 잘못된 기억의 개입에 대한 여러 연구들은 잘못된 기억을 연구하기 위해 디즈-로디거-맥더멋Deese-Roediger-McDermott(DRM)이라고 불리는, 연구자들의 이름을 따서 만든 패러다임을 사용한다. DRM 패러다임은 다음과 같이 설명된다. 어떤 사람들로 하여금 다음의 단어들을 읽게 하고 가능한 한 많은 단어들을 기억해 보도록 한다. 침대, 휴식, 깨어 있는, 피곤한, 졸다, 고양이처럼 자다, 꿈꾸다, 기상하다, 담요, 꾸벅꾸벅 졸다, 코골다, 평화, 하품, 졸린, 백일몽…… 이제 5분이 지난 후 그 사람에게 이 단어 목록에서 기억할 수 있는 가능한 한 많은 단어들을 쓰거나 기억해 보도록 한다.

그가 '잠'이라는 단어를 적었는가? 소위 중요한 미끼가 되는 '잠'이라는 단어는 위 목록에는 없지만 많은 이들이 보았다고 자신 있게 말하는 단어이다. 위의 단어들은 모두 잠이라는 단어와 밀접히 관련되어 있으므로 잠이라는 단어가 피실험자의 마음에서 활성화되기 쉽고,(의식적이든 아니든) 잠이라는 단어를 생각할 때 그 단어를 실제로 들은 것처럼 생각하게 된다. 이것은 우리의 뇌는 어떤 정보가 심지어 저장되기도 전에 그 정보를 왜곡하면서까지 추론한다는 것을 보여 주는 좋은 예이다.

많은 요인들이 DRM 패러다임이 변형된 예들에서 잘못된 회상율에 영향을 미친다. 예컨대, 목록에 제시된 관련된 단어들의 수가 더 많을수록 '중요한 미끼'를 잘못 회상할 가능성이 더 높아진다. 분할된 주목 또한 중요한 미끼가 잘못 기억될 가능성을 높인다. 소멸의 경우도 마찬가지로 중요한 미끼가 잘못 회상될 가능성을 증가시킨다. 단어가 제시되는 시점과 회상을 하는 시점 사이의 시간 간격이 증가할 때 그렇다.[15]

오귀속은 미국 사법 체계가 대처해야 하는 가장 중요한 기억의 문제일 것이다. 얼마나 많은 사람들이 목격자의 잘못된 증언 때문에 기소되거나 범죄자로 몰리는지는 아무도 모르지만 통계 두 가지는 그 수가 의미심장하다는 것을 보여 준다. 첫째, 미국에서는 추정컨대 1년에 7만 5000건의 사례들이 목격자의 증언에 기반해 판결된다. 둘째, 그중 40건의 사례들은 적어도 90퍼센트가 잘못된 목격자 증언 때문에 기소되었다가 DNA 증거로 풀려 났다는 것을 보여 주었다.[16]

지금은 더 이상 19세기가 아니다. 기억의 왜곡 현상은 이제 알려져 있고, 이 현상은 형법 체계가 신빙성을 가질 수 있는지의 문제와 불행한 시민들의 삶에 대한 실질적 문제들을 제기한다. 최근의 실험실 연구들은 어떻게 오귀속이 목격자의 증언에 영향을 미치는지를 연구한다. 어떤 연구자들은 법정에서 중요하게 생각되는 얼굴

인식에 특별히 주의를 기울인다.

침입자의 얼굴에서 일부분만을 본 목격자들은 종종 얼굴 전체를 보았다고 기억하는데, 그들의 뇌는 보지 않은 부분을 '채워 넣거나' 혹은 상상으로 마음의 눈에 새겨진 이미지를 완성시킨다.[17] 이 현상에 대한 많은 연구들은 그런 채워넣기가 사람들이 사실상 보지 않았음에도 모든 얼굴 정보를 보았다고 잘못 주장하게 한다는 사실을 지지해 준다.[18] 한 연구는 목격자가 그들이 본 얼굴들을 어떻게 가장 잘 알아볼 수 있는지를 조사했다. 원래 보았던 대상이 다른 모양으로 위장되거나 다른 대상으로 막혀 있을지라도 처음 본 상태로 그 얼굴을 보면 정확한 회상 능력이 향상되는가? 아니면 목격자들은 가려져 있지 않은 전체 얼굴을 보았을 때 상상했던 얼굴과 더 유사할 수 있을 수 있으므로 그들의 증언을 더 신빙성이 있게 만들까? 대답은 분명했다. 가장 정확하게 얼굴을 회상하는 경우는 그 희생자가 범인으로 추정되는 사람의 얼굴을 처음 본 상태로 보았을 때였다. 이 발견은 경찰이 용의자들을 줄 세우는 방식과 관련된다. 한 목격자가 가면을 쓰거나 변장을 한 침입자의 얼굴을 정확하게 기억할 수 있다면 용의자 대열에 선 사람들은 가능한 한 원래와 가까운 방식으로 변장해야 한다. 처음 보았던 상태처럼 변장한 방식으로 침입자들이 묘사될 때 피실험자는 변장하지 않은 얼굴로 침입자들을 보았던 것처럼 정확히—약 80퍼센트의 정확도로—침입자들을 가려 낼 수 있다.

■ 암시성Suggestibility

암시성은 사건에 대한 기억에 타인이 제공한 정보를 통합하는 경향을 가리킨다. 암시는 친구, 가족, 연구자 그리고 심지어 언론매체로부터도 온다. 암시는 항상 해롭지는 않지만 기억의 신빙성에 큰 영향을 미칠 수 있다.

엘리자베스 로프터스는 암시성이 기억에 미치는 영향을 오랫동안 연구했다. 그녀의 연구는 기억 망상이 얼마나 영향력이 있는지를 보여 준다. 암시성에 대한 로프터스의 첫 번째 연구는 피실험자가 아동기에 겪은 사건들의 기억에 관한 것이다. 로프터스와 그녀의 동료들은 피실험자 가족들의 도움을 받아 피실험자에게 그가 한때 "꽤 오랜 시간 동안 쇼핑몰에서 길을 잃다가 한 사람이 도와주어서 가족과 다시 만났던" 일이 있었다고 확신시키도록 했다. 마치 실제로 그 일이 일어났던 것처럼 잘못된 사건을 이야기했을 때 피실험자들의 25퍼센트가 그 사건을 "기억한다"고 했다.

이와 비슷한 연구에서 로프터스는 사진을 조작해서 실제로는 사진 안에 없었지만 친척들이 거짓으로 이야기한 장소—예컨대 열기구 안—에 있는 어린 시절의 사진을 보여 주었다. 피실험자들은 열기구 안에 그들 자신이 있는 조작된 사진을 보았고, 그 사건에 대해서 그들이 기억했던 모든 것을 기술해 보라고 요청받았다. 세 차례의 세션 이후에 피실험자들의 50퍼센트는 그 풍선을 탄 것이 기억난다고 했고, 때로는 매우 세세하게 그 경험을 기술했다.

유사하지만 조금 다른 방식으로, 탁월한 질문이 기억을 왜곡시킬 수도 있다. 예컨대, 다이애너 황태자비가 사망했던 밤에 대하여 이야기하고 있다고 가정하자. 특히 내가 궁금한 것은 다음이다. "너는 다이애너의 죽음에 대한 다큐멘터리를 봤니? 다이애너 황태자비가 탄 리무진이 프랑스의 터널을 지나갈 때 제어할 수 없을 정도로 빨리 달리는 장면 봤어?" 이 질문에 대한 당신의 대답은 무엇인가? 잠깐 시간을 내어 당신이 그 장면을 보았는지를 기억해 보라.

사실 그 차에 대한 어떤 장면들도 텔레비전에 나오지 않았다. 그러나 만약 당신이 여러 사람들에게 묻는다면 많은 이들이 그 장면을 보았다고 회상할 것이다. 아주 유사한 상황들에 대한 연구가 보여 주는 것은 약 55퍼센트의 사람들이 그런 암시적 방식으로 질문을 받을 때 실제로 존재하지 않는 장면들을 기억한다는 것이다.[19]

물론 그렇다고 해서 경찰 조사관의 암시적 질문 때문에 목격자가 자신이 보지 않은 어떤 것을 보았다고 항상 잘못 기억하게 된다는 것은 아니다. 조사관이 묻는다. "어떤 종류의 총을 그 강도가 가지고 있었지?" 실제로는 칼을 들고 있었던 강도에 대한 당신의 기억 안에 갑자기 권총이 삽입된다. 질문이 던져지는 방식, 잘못된 정보가 제시되는 수, 그리고 목격자의 나이(어린이들이나 노인들은 암시에 더 민감하다)는 모두 목격자의 기억 회상의 정확성에 영향을 준다. 게다가 참 기억을 거짓 기억으로부터 구분할 수 있다고 생각하는 단서들—목격자가 한 조각의 정보를 기억하는 상세한 사항들의 양이나 자신감 같은 것—은 기억의 실제적 타당성과 관련이 없다.[20]

■ 편견Bias

우리 자신의 의식적·무의식적 느낌들, 고정관념들, 그리고 편견들은 정보를 부호화하는 방식과 우리가 생각해 내는 정보에 영향을 미칠 수 있다. 《기억의 일곱 가지 죄악》이라는 책의 '편견의 기억 망상'에서 대니얼 샥터는 다섯 가지 유형의 편견을 서술한다. 이 편견들 중 세 가지가 흥미롭고 언급할 가치가 있는데, 특히 두 가지—때늦은 지혜와 고정관념—가 형법체계와 관련해 주목할 만하다.

일관성 편견consistency bias은 현재 가지고 있는 믿음과 느낌들을 과거에 가졌던 믿음과 유사하거나 일관적인 것으로 생각하는 경향이다. 예컨대, 우리는 과거의 정치적 견해가 실제 과거에 그랬던 것보다 현재 견해와 더 유사하다고 기억할 수도 있다. 때로는 실제보다 더 많이 변화했다고 믿는 것이 더 편리하고 만족스러운 경우도 있다. 변화 편견change bias의 예는 우리가 다이어트를 계속할 때 실제로 얼마나 많이 변화했는지—얼마나 많은 체중이 줄었는지, 실제로 얼마나 많이 운동을 했는지—를 과장하는 것이다. 이기성 편견egocentricity bias은 우리 자신을 실제보다 더 정직하고, 성실하고, 성공적이고, 매력적이라고 생각하기 위해 타인보다는 우리 자신의 직관과 기억들을 믿게 한다.

법정에서 가장 많이 볼 수 있는 것은 때늦은 지혜 편견hindsight bias과 고정관념 편견stereotype bias이다. 때늦은 지혜 편견은 어떤 사건이나 상황에 대한 기억을 그 사건이나 상황의 결과라고 알고 있는 것에 맞추려는 경향이다. 시험을 잘 보리라 기대했지만 그 시험에 떨어졌을 때, 우리는 우리가 실제로 완전히 준비되었다고 느끼지 않았었고, '그렇게 되리라는 것을 알았다'고 기억할 수도 있다. 어떤 증거들이 배심원들에게 알려지고 재판관이 배심원들에게 그 정보를 고려하지 말라고 할 때 때늦은 지혜 편견이 생기게 된다. 연구들이 보여 주는 것은 변호인에게 영향을 미칠 증거를 들은 뒤 그 것을 무시하라는 요청을 받은 배심원들은 그 증거 없이 같은 사례를 검토하는 배심원들보다 그 변호인을 기소할 가능성이 더 높다는 것이다. 때늦은 지혜 편견은 죄를 덮어씌우는 증거들을 무시하라고 명백히 지시를 받는다 하더라도 배심원들로 하여금 그 증거를 무시하기 어렵게 만드는 것 같다.[21] 이와 유사하게, 대중 매체는 배심원이 편견 없는 의견을 가질 능력을 감소시키면서 피고의 죄에 대한 목격자의 생각에 영향을 주는 역할을 할 수 있다.

우리의 뇌는 극단적인 효율성에 적응한다. 이 때문에 뇌는 유입되는 정보를 우리가 현재 세계에 대해 갖고 있는 믿음에 잘 맞게끔 왜곡한다. 고정관념 편견은 들어오는 정보를 특정한 저장 범주에 맞추려고 할 때 발생한다. 범주들은 종종 특정한 느낌이나 믿음과 연관되며, 이 연관으로부터 고정관념이 형성된다. 고정관념 이론은 1954년 《편견의 본성》이라는 책에서 고든 앨퍼트가 처음 제시하였고, 심리학 분야에서 널리 받아들여져 왔다. 앨퍼트 이후 10년 간의 연구는 결국 그의 통찰을 확인해 주었다. 예컨대 그는 "아프리카계 미국인에 대한 어떤 개념이 우위를 점하든 간에 어두운 갈색 피부를 가진 사람이라는 개념이 우리 마음 안에 활성화될 것이다"라고 예측했고, "만약 그 우위를 점하는 범주가 부정적 태도와 믿음들로 구성된 사람이라는 개념이라면 우리는 자동적으로 그 사람을 피하거나 거부하는 습관을 선택할 것이다."[22] 이렇게 알포트는 '목격자를 회상하는 범주에 대한 고정관념'에 대한 기초 연구를 했다. 우리는 행위에 영향을 미치는 믿음들을 의식할 필요가 없다. 한 연구는 전형적인 '백인' 이름 목록(예컨대 프랭크 스미스와 애덤 맥카시)을 전형적인 '흑인' 이름들(예컨대 타이런 워싱턴과 더넬 존스)과 섞어서 피실험자들에게 제시했다. 그 이름들 중 실제 범죄자는 아무도 없었음에도, 목록의 이름들 중 어느 이름들이 뉴스에서 보았던 범죄자들의 이름인지를 물었을 때 피실험자는 '백인' 이름보다는 '흑인' 이름을 1.7배나 더 많이 들은 것으로 '기억했다.'[23] 이 고정관념 편견은 다른 사람들보다는 흑인들을 범죄자로 잘못 판정하는 데 더 크게 기여하는 것 같다.[24]

이런 편견들을 만들어 내는 무언가가 우리 뇌에 있는가? 왜 우리는 우리 자신이나 세계에 대한 믿음에 맞추어 정보를 해석하는가? 나의 연구는 좌뇌가 이 해석들과 관련이 있다는 것을 보여 준다. 내 동료들과 나는 간질 증상을 완화하기 위해 뇌의 양반구를 연결하는 섬유를 절개하는 수술을 받은 '분할뇌split brain' 환자들을 오랫동안 연구해 왔다. 이 수술은 약물이 발작을 억제하지 못하는 경우 사용하는 효과적인 신경 수술이다. 우리는 뇌의 한쪽에만 정보를 제시해서 뇌의 두 반구들이 어떻게 작동하는지를 조사했다. 즉 시야의 한 부분에만 정보를 제공하거나 몸의 한쪽에만 자극을 주는 식이다. 이렇게 하면 우리는 뇌의 두 반구들이 정보를 주고받을 때는 가능하지 않은 방식으로 한쪽 뇌 반구의 작동만을 명료하게 연구할 수 있다.

좌뇌의 능력과 정보를 해석하는 연구에서, 나는 피실험자의 우뇌에 해당하는 부분에는 눈으로 덮인 겨울 집 그림을 보여 주었고, 좌뇌에 해당하는 부분에는 병아리 발톱 그림을 보여 주었다. 뇌의 어느 쪽도 다른 쪽이 본 것을 알지 못한다. 그다음 나는 환자에게 그가 보았던 장면과 가장 잘 어울리는 것을 손으로 선택하도록 했다. 그 환자는 좌뇌가 통제하는 오른손으로는 그의 좌뇌에 해당하는 부분에 보였던 병아리 발톱의 그림과 짝지으려고 수탉을 선택했다. 오른쪽 뇌가 통제하는 왼손으로는 우뇌에 해당하는 부분에 보였던 눈 쌓인 집 그림과 짝지으려고 눈삽을 선택했다. 이렇게 두 손은 각기 다른 대상을 선택했다. 이에 대해 그의 좌뇌(언어를 처리하고 언어 정보를 구성하지만 눈 덮인 집 그림을 본 적이 없는)는 다음의 설명을 제공한다. 그가 삽을 선택한 이유는 닭장을 깨끗이 하는 데 사용될 수 있기 때문이라고.

이 같은 실험들은 입력되는 정보를 우리가 중립적으로 이해하는 것은 아니라고 믿게 한다. 자연은 좌뇌를 해석하는 작업을 하도록 만들었고, 좌뇌는 주변세계를 해석하기 위해 과거와 현재의 지식을 조화시킨다.

■ **지속성Persistence**

마지막으로 언급할 기억 망상은 형법 수행과는 관련이 없지만 범죄의 희생자나 목격자에게는 영향을 줄 수 있다. 지속성은 당신이 잊기를 원하는 사건이나 생각을 계속 기억하는 성향이다. 정서적 사건들은 종종 계속해서 발생하는 기억들이 된다. 뇌의 정서 부위와 사건을 경험할 때 일반적으로 활성화되는 영역들이 함께 강하게 활성화되는 것은 이 기억들을 더 생생하게 저장하고 재발생하게 하는 경향을 만든다.[25] 이것은 단지 증언을 위해 그런 사건을 자꾸 반복적으로 언급해서 만들어지는 것은 아니다.

기억 지속성에 대한 많은 부분은 하버드 대학교 교수인 대니얼 웨그너의 연구를 통해 알려졌다. 지금은 유명해진 이 실험에서, 웨그너는 피실험자에게 흰곰처럼 해롭지 않아 보이는 대상에 대해 생각하지 말라고 한 후에 종을 울려서 그 항목에 대해서 얼마나 자주 생각했는지를 기록해 사고 억압의 효과를 시험했다. 아이러니컬하게도 그는 피실험자들이 흰곰에 대해서 생각하지 않도록 요청받았을 때 생각할 수 있는 것은 바로 그 곰밖에 없다는 것을 발견했다. 그다음에는 흰곰을 생각하도록 요청받았는데, 이때는 그런 생각을 억제하라는 요청을 받지 않은 채 흰곰을 생각하도록 요청받은 대조집단의 피실험자들보다도 더 자주 흰 곰에 대해 생각했다(그리고 종이 울렸다).

뇌가 잘못된 기억을 하는 경향이 있다는 것을 알고서, 연구자들은 많은 시간과 노력을 들여 뇌가 참 기억과 거짓 기억을 저장하고 반응하는 방식에 차이가 있는지를 알아내려고 했다. 행동적으로는, 피실험자의 언어적 보고, 자신감 그리고 상세함의 양은—비록 어느 연구는 참 기억이 거짓 기억보다 더 지각적이고 맥락적인 정보를 포함한다는 것을 발견했지만—참 기억과 거짓 기억에서 거의 다르지 않았다.[26] 어떤 연구들은 동일한 뇌 영역들 중 많은 부분들이 참 기억을 할 때만큼이나 거짓 기억을 할 때에도 활성화되므로 거짓 기억이 그렇게 자신 있게 기억된다는 것을 보여 준다.[27]

어떤 연구들은 정보를 부호화하고 복구하는 동안 참 기억을 할 때와 거짓 기억을 할 때의 뇌 활성화가 미묘하게 차이가 난다는 것을 보여 준다. 2000년 기능적 자기공명영상 연구가 발견한 것은 피실험자들에게 이전에 제시되었던 단어 정보를 그들이 정확하게 떠올렸을 때 뇌의 앞전전두피질의 활동이 향상되었다는 것이다.[28] 또 다른 연구는 지원자들이 단어들을 듣고 이미지들을 보는 동안 전기 뇌 신호의 지속 기간과 강도를 측정했다. 이 연구를 통해 시각과 시각 이미지를 처리하는 뇌의 뒷부분에서 발생하는 전기 신호는 나중에 잘못 기억될 단어를 부호화하는 동안 더 확실하게 발화한다는 것이 밝혀졌다. 이 연구는 이미지가 거짓 기억을 만들어 내는 데 기여한다는 생각을 지지해 준다.

이 연구들은 기억의 신빙성과 뇌 활동을 상호 연관시키는, 최근에 성장하고 있는 분야에서는 첫 번째 시도에 속한다. 목격자의 기억이 정확한지를 평가할 기술의 타당성을 지지할 충분한 증거들은 아직 없지만, 향후 10년 동안 변할 수도 있다. 만약 그런 기법들이 실험실 패러다임에서 실제 기억들을 다룰 수 있게 된다면 환영할 만한 형법체계의 확장이 이루어질 것이다.

기억의 한계를 인정하라

기억이 작동하는 방식을 알게 되면, 목격자가 사건을 정확하게 회상하도록 하기 위한 기술이 개발될 수 있고, 더 정확하게 회상할 기회를 극대화하기 위해 인터뷰 기법을 향상시킬 수 있다. 예를 들어, 목격자는 가능한 한 기억할 수 있는 모든 것을 기록해야 한다. 2002년 워싱턴 주를 중심으로 벌어졌던 빈집털이 사건에서 "법집행관들은 '다음 침입'을 목격할 수 있는 사람들에게 그들이 본 것을 종이가 없다면 손에라도 즉시 적어 놓으라고 충고했다."[29] 이것은 과학적으로 좋은 충고이다. 만약 정보가 뇌 안에서 신속하게 부호화되지 않는다면 그 기억을 복구하기 위해 우리가 할 수 있는 것은 아무것도 없기 때문이다—그 기억은 이제 더 이상 거기에 없기 때문이다. 바람직한 희생자나 목격자가 되는 것을 어떻게 미리 '훈련' 할 수 있는가? 아마도 많은 이들이 법정 드라마를 보거나 수사 스릴러물을 읽으면서 상세한 것에 초점을 맞출 필요성에 익숙해졌을 것이다. 머리 뒤쪽 어느 영역에서는 우리가 자동차 번호판을 찾아보거나 어떤 사람이 무슨 옷을 입고 있는지를 기억하려고 시도한다는 것을 알 수도 있다.

실제로 변호사들은 기억이 거짓되고, 신빙성 없고, 유동적이라는 것을 충분히 알고 있다. 그래도 기억은 재판정에서는 유용하다. 이는 마치 거짓말 탐지기와 같다—신빙성이 부족하다는 것을 알면서도 검사나 변호사는 피고를 위협할 수단으로 이것을 사용한다. 국선 변호인에게 100명의 의뢰인이 있다고 하고, 그들 모두는 아니지만 대부분이 죄가 있다고 하자. 변호인이 할 일은 의뢰인들의 유죄답변거래plea-bargain를 중재해서 가장 가벼운 형량을 받도록 하는 것이다. 국선변호인은 어떻게 사건들이 풀리는지를 알며, 많은 의뢰인들을 무죄로 만들 수 있지만 결국에는 유죄가 밝혀지고 중형 선고를 받게 될 거라는 것도 안다. 그래서 변호인들은 거짓말 탐지기로 의뢰인들을 협박해 사실을 토로하라고 설득한다. 그럼으로써 의뢰인들이 깨끗이 자백하고 더 나은 거래를 할 수 있게 한다. 언뜻 보기에도 가짜 기법들과 증언들 같은 비상식적인 정보를 사용하는 것이 종종 유용할 수 있고, 그런 기법들은 법정 밖에서도 사용할 수 있는 작전이다. 목격자의 증언이 비정합적인 것으로 보일 수 있음에도 불구하고 앞으로 계속 사용될 이유는 바로 그러한 유용성 때문이다.

전망

　목격자 증언이 기억을 연구하는 신경과학자들뿐만 아니라 대중들에게도 신빙성 없는 것으로 악명이 난 사례들이 많아지고 있다. 문서 자료가 없는 증언일 경우 아주 조심스럽게 다루어야 한다는 것을 보여 주는 뇌에 대한 자료가 제시되고 있다. 신경과학이 신빙성 없는 기억 체계에 관해 더 많이 알아갈수록 재판절차법의 토대는 철저하게 도전받을 것이다.
　형법 체계가 기억만큼이나 오류 가능하고 유동적인 것들을 많이 신뢰한다는 것을 보여 주는 연구 증거들은 충격적이다. 더 나은 인터뷰 기법은 범죄가 발생했을 때 더 신빙성 있는 목격자 정보를 얻기 위해 사용되는 반면, 기억은 한 사건에 대해 대립되는 양측 모두가 잘못 사용할 수 있다는 것을 알게 되었다. 기억은 근본적으로 오류가 있는 시스템이며, 이 점을 더 많이 알 때까지 우리가 가져야 할 합리적이고 윤리적인 입장은 기억이 정확하다는 생각으로부터 거리를 유지하는 것이다.

기억의 오류 가능성은 개인으로서의 우리에게, 그리고 우리의 자아 개념에 무엇을 의미하는가? 우리의 자서전적 기억은 지금 우리가 품고 있는 자아 개념에 최대한 맞추는 방식으로 매일 새롭게 기억된다. 대니얼 데닛의 표현에 따르면, "기억의 기본적 의미는 유용한 정보를 저장하고 정확하게 그것을 복구하는 능력이며, 현재의 순간에서 우리에게 유용하도록 만드는 것이다."[30] 따라서 자아에 대한 개념은 우리 자신에 대한 현재의 느낌과 믿음을 가장 정확히 표상하는, 계속 변하는 개념이다. 그것은 나날이, 매주, 매년 우리가 우리 자신에 대해 느끼는 방식을 정확히 표상하지는 않을 것이다. 그러나 이것이 바로 우리가 건강하다는 증거이다. 우리는 나이가 들수록 더 현명해지며, 우리가 그렇게 현명하지 않았던 날들을 잊거나 적어도 유용한 한에서만 그런 날들을 기억하는 것이 적절하다.

대니얼 샥터는 기억이 잘못되는 여러 가지 방식을 훌륭하게 표현했다. 우리는 원래 사건의 맥락인 꼬리표는 분실하고, 과거 사건들을 회상하는 과정에서 기억을 또 다른 맥락의 꼬리표에 끼워 넣는다. 그렇게 기억이 재부호화되면, 실제 일어났던 사건과는 더 거리가 생기게 된다. 요약하면, 기억은 10월의 잎이 버몬트에서 떨어지는 것만큼 확실히 영광스럽게 색과 의미를 변화시킨다. 이 과정을 멈출 수는 없다.

우리는 하루에 12가지, 일주일에 1000가지, 1년에 50만 가지 생각을 가지고 항상 그리고 부드럽게 기억을 변화시키지만, 우리가 누구인지와 자아감도 확실히 변화시킨다. 정신적 삶에 대한 이 사실은 다음의 단순한 테스트가 잘 보여 준다. 당신이 새 집으로 이사한다고 상상해 보라. 빈 방에 앉아 새 집으로 옮기고 싶은 것들의 목록을 써 내려간다고 해보자. 이것이 당신이 의식적으로 기억해 내는 방식이고 그 목록은 지금 당신의 삶에서 중요하다고 느끼는 것들로 구성되어 있을 것이다. 당신은 그 목록이 운 좋게도 짧다는 것을 발견한다. 그런데, 바로 다음 순간 당신이 지금 살고 있는 집 주위를 직접 걸어다니면서 옮기고 싶은 것들을 적는다고 해보자. 당신은 적을 것이 너무 많아서 종이가 모자랄 것이고, 이사 비용은 애초에 생각했던 것보다 열 배나 뛰어오를 것이다. 과거 기억들은 영원하지 않다—기억들은 회상될 때에야 당신에게 매달린다. 과거의 기억들은 현재의 의식적 삶에서 많은 역할을 차지하지는 않으며, 과거를 생각할 때 기억은 이미 심하게 왜곡된다.

이런 기억 오류들에는 모두 한 가지 공통점이 있다—그것이 믿을 만하든 아니든 우리는 존재하는 기억으로부터 이론을 만들어 내고 우리 자신이나 타인에 대한 감각을 만들어 낸다. 만약 우리의 기억이 잘못되었다면, 개인적 믿음이 불확실한 토대 위에 서 있음을 깨닫는 것은 불안한 일일 것이다. 하지만 더 불안한 것은 그것이 과

연 문제가 되는지이다. 궁극적으로, 우리의 자아에 대한 감각과 세
계관은 끊임없이 여러 가지를 모아서 만들어지는 상태인 것이다.

4

도덕적 본성과 보편 윤리

우리는 어떻게 믿음을 가지게 되는가?
그리고 그 믿음을 고수하고 확산시키는 데
뇌는 어떤 역할을 하는가?
뇌 안에 각인된 보편윤리는 존재하는가?

제9장

뇌에서
믿음이 만들어진다

대통령 생명윤리위원회는 현대 생명의학의 윤리적 함의를 검토하기 위해 만들어졌고, 이 시대의 주요 이슈인 복제와 줄기세포 문제를 활발하게 논의한다. 이것은 거의 모든 이들이 세속적이고, 종교적이고, 실용주의적으로 생각하는 배아 문제를 확실하게 다루고자 하는 것이다. 이 위원회는 흔히 상상하는 과학자들의 집단이 아니다. 많은 구성원들은 생의학과 관련된 경험이 있지만 그렇지 않은 이들도 있다. 생명의학적 훈련을 받은 이들은 실용적이거나 세속적 견해보다 앞서는 믿음들을 가지고 있다. 즉, 대통령 생명윤리위원회는 여러 분야 사람들의 견해를 반영한다. 자연세계의 가치에 대해 복잡한 세속적 믿음을 가진 사람들에서부터 실용주의적 믿음을 가진 사람들, 그리고 깊은 종교적 믿음을 가진 사람들까지.

믿음을 형성하고 유지하는 인간의 능력은 개인적인 믿음이 가지고 있는 가정과 과학적 증거들이 충돌할 때 약해진다. 종교적 믿음을 가진 사람들이 믿음을 재확인하려고 생물학적 분석을 거부하는 경우는 많다. 그러나 정작 핵심은 이것이 아니다. 과학자들은 자신들의 견해가 부정확함을 보여 주는 자료들을 발견해도 기존의 견해를 바꾸고 싶어 하지 않는 것 같다. 우리는 자신의 믿음을 고수하며, 이 점에 있어서는 남성들이 여성들보다 더 완강하다.[1]

'믿음을 고수'하거나 믿음 체계를 가진다는 것이 무슨 뜻인지를 가능한 한 명료하게 설명하겠다. 믿음을 가지는 방법들은 많다. 종교를 가진 이들이 의존하는 규칙들과 규약들은 그것에 서명하고 가입할 때 설명되고 전달되는 믿음들이다. 과학적 규칙과 규약은 과학자들이 특정한 과학 공동체에 합류하기 위해 유지해야 하는 믿음들이다. 실용주의자들은 삶의 도전에 대한 사회의 결정을 믿음으로 삼는다. 전반적으로 이것이 믿음의 본성에 대한 나의 견해이다. 인간은 사건에 본능적으로 반응하고, 특정한 뇌 시스템이 그 반응을 해석한다. 이 해석으로부터 그에 따라 살아갈 규칙에 대한 믿음이 발생한다. 이 믿음들은 때로는 도덕적이고 때로는 완전히 실용적이다.

우리는 느리게 혹은 빠르게 믿음을 형성한다. 우리가 어떻게 믿음을 만들어 내고 그 믿음에 의지할 수 있는지를 보여 주는 연구들이 있다. 컴퓨터가 생성한 로또 티켓을 1달러에 산 사람들은 몇 초후 더 많은 돈을 주겠다고 하면 마지못해서 그 티켓을 내준다. 2달러—투자한 것의 100퍼센트 이익—가지고는 어림도 없다. 많은 경우 20달러까지도 늘어났다. 왜 그렇게 될까? 우리는 왜 우리 자신의 믿음—새롭든 오래되었든—에 매달리는가? 흥미로운 것은, 과학자들은 새로운 자료가 나와도 기존의 견해를 바꾸는 데 전도사들보다도 더 느리다는 것이다.[2]

우리 인간은 빛의 속도로 믿음을 만들어 낼 수 있다. 우리는 좌뇌—세상으로부터 들어오는 정보에 대한 이야기를 만들어 내는 부분—가 믿음들을 만들어 낸다는 것을 알고 있다. 또 믿음의 강도가 조작될 수 있는 방식들도 안다. 이것은 해결이 필요하고 갈등을 일으킬 수도 있다. 믿음은 강화, 반복될 수 있고, 정서적 꼬리표가 붙을 수도 있고, 경쟁하는 생각에 밀려 약화될 수도 있다. 믿음에 관한 이런 사실들—대부분은 믿음이 만들어질 당시에 이용할 수 있던 지식에 기반한 해석들임에도 불구하고 여전히 마음 안에 자리 잡혀 있다—을 알면서도 어떻게 그렇게 많은 종교적·정치적 믿음들을 진지하게 받아들일 수 있는가? 전통적인 종교, 정치 체계로부터 생겨나는 윤리적이고 도덕적인 체계들은 때때로 옳고 그름에 대한 견해들을 공유한다. 그들이 그러는 이유는 인간의 마음이 인생의 도전에 대해 핵심적인 반응을 하고, 그 반응에 도덕성을 부여하기 때문일 것이다. 윤리학자인 로널드 그린의 말을 빌어 표현하자면, 도덕적인 '심층 구조'는 공통 가치뿐만 아니라 종교의 문화 체계도 만들어 낼 필요가 있다고 생각하게 하는가?

다음 장에서 나는 공통적인 도덕성이 어떤 것이며, 어떻게 작동하는지를 검토할 것이다. 먼저 믿음이 어떻게 형성되는지를 보자.

뇌는 어떻게 믿음을 만들어 내는가: 뇌의 좌반구 해석자

우리의 뇌는 통합된 구조물이 아니다. 뇌는 별도로 계산을 수행하는 여러 개의 모듈들인 신경 연결망으로 이루어져 있다. 이 연결망들은 스스로 활동한다. 예컨대 시각 연결망은 시각적 자극에 반응하고, 시각적 심상—즉 어떤 대상을 마음의 눈으로 보는 것—이 일어나는 동안 활동한다. 운동 연결망은 움직임을 산출할 수 있고, 움직임을 상상하는 동안 활동한다. 뇌가 이 모든 기능들을 모듈 체계로 수행하더라도 우리는 우리 자신을 뿔뿔이 흩어져 있는 활동들을 수행하는 100만 개의 조그마한 로봇들 같다고 느끼지는 않는다. 우리는 우리 자신을 통합된 행위자로 느끼게 하는 의도와 이유를 가진 하나의 정합적인 자아로 느낀다. 어떻게 이렇게 되는가?

지난 30년간 나는 분할 뇌 환자들, 즉 심한 간질을 완화시키려고 두뇌 반구들 사이의 연결을 절단한 환자들과 작업하면서 드러난 현상들을 연구해 왔다. 내 동료들과 나는 인간을 통합적인 것으로 만드는 것이 무엇인지를 찾고 있지는 않았지만 그것을 발견했다고 생각한다. 그 대답은 만약 뇌가 모듈로 구성되어 있다면 뇌의 한 부분은 연결망의 모든 행동들을 감시하고 자아라는 통합된 개념을 만들어 내기 위해 개별 행위들을 해석하려고 한다는 것이다. 이러한 일을 하는 뇌 부분이 '좌반구 해석자left-hemisphere interpreter'이다. 8장에서 설명된 이런 발견에서 더 나아가, 좌반구는 앞뒤가 맞지 않는 정보들이 들어오면 논리적으로 맞추어 설명하며, 우리의 자아를 구성할 이미지와 믿음들에 대한 이야기를 만들기 위해 매순간 들어오는 입력 정보를 해석하여 이야기들로 엮어 낸다. 나는 좌반구의 이 부분을 해석자라 부르는데 그 이유는 좌반구가 내적, 외적 사건들을 설명하고 사건들을 이해하기 위해 우리가 경험하는 실제 사실들을 확장하기 때문이다.[3]

좌반구 해석자가 얼마나 쉽게 이야기들과 믿음들을 만들어 낼 수 있는지는 분할 뇌 환자들에 대한 실험을 통해 밝혀졌다. 예컨대, 'walk'라는 단어가 환자 뇌의 오른편에만 제시되었을 때 그는 일어나서 걷기 시작했다. 왜 그렇게 했는지를 묻자, 좌뇌(언어가 저장되고 단어 walk가 제시되지 않는 곳)는 그 행동에 대한 이유를 재빨리 만들어 "콜라를 가지러 가려고 했다"고 피실험자가 말했다.

좌반구에 대한 더 환상적인 예는 신경 장애를 가진 환자들에게서 볼 수 있다. 편마비hemiplegia 증상을 가지게 하는 질병인 불각증 anosognosia이라는 뇌졸중 합병증을 가진 환자들은 자신의 왼팔이 자신의 것인 줄 모르는데, 왜냐하면 뇌졸중이 우리 몸의 완전성, 자세, 그리고 움직임을 다루는 오른쪽 측두피질을 손상시켰기 때문이다. 좌반구 해석자는 시각 피질로부터 받은 정보—팔다리가 몸에 붙어 있지만 움직이지는 않는다—와 팔다리의 손상에 대한 입력 정보가 없다는 두 가지 사실을 조화시켜야 한다. 좌반구 해석자는, 신경 손상이 뇌의 문제이며 사지가 마비되었다는 사실을 의미한다는 것을 인지할 것이다. 그러나 이 경우 사지를 지각하기 위한 신호를 보내는 뇌 영역에 신경 손상이 발생했기 때문에, 좌반구 해석자에 어떤 정보도 보낼 수 없다. 그러면 해석자는 두 가지 알려진 사실, 즉 "나는 팔다리가 움직이지 않는 것을 볼 수 있다"와 "나는 그것이 손상되었다는 것을 알 수 없다"를 서로 말이 되도록 연결하기 위해 어떤 믿음을 만들어 내야 한다. 이 장애를 가진 환자들에게 왜 팔을 움직일 수 없는지를 질문하면 그들은 "그건 내 것이 아니오"라거나 "그냥 움직이고 싶지 않아서요"—좌반구 해석자에게 입력 정보가 주어지면 합당할 수 있는 결론인—라고 말할 것이다.

좌반구 해석자는 믿음을 만들어 내는 데에 몹시 능숙한데, 믿음 체계가 무엇이든 그것을 고수할 것이다. '중복적인 기억착오 reduplicative paramnesia'를 가진 환자들은 사람 복제물이나 장소 복제물이 있다고 믿는다. 즉 그들은 기억 속에 또 다른 시간을 가지고 있어서 그것을 현재와 섞어 버린다. 결과적으로, 손상된 뇌가 해석자에게 잘못된 메시지를 보내기 때문에 알고 있는 정보들을 지탱하기 위해, 보기에는 우스꽝스럽지만 교묘하게 이야기들을 만들어 내는 것이다. 어느 여성 환자 한 사람은 자신이 치료받고 있었던 뉴욕 병원이 실제로는 메인에 있는 자신의 집이라고 믿었다. 의사가 복도에 엘리베이터가 있는데 어떻게 여기가 당신의 집일 수 있는지 물으면 그녀는 "의사 선생님, 내가 이 엘리베이터를 여기에 설치하려고 얼마나 돈을 많이 들인 줄 아세요?"라고 말했다.[4] 해석자는 입력 정보들을 서로 연관시키려고 여러 가지 이야기를 할 것이다—심지어 그렇게 하려고 아주 많이 노력해야 할지라도 말이다. 물론 환자 자신에게는 '아주 많이 노력하는 것으로' 느껴지는 것이 아니라 그를 둘러싼 세계로부터 나온 분명한 정보로 느껴질 것이다.

대통령 생명윤리위원회에 폴 맥휴라는 멋진 사람이 있다. 다른 곳에서도 쓴 적이 있지만 내가 만약 정신병원에 간다면 나는 폴이

내 주치의가 되기를 바랄 것이다. 그는 아주 똑똑하고, 재미있고, 다정한 사람이다. 그는 생의학적 복제 절차를 통해 만들어진 배아와 관련된 줄기세포 연구로 혜택을 받을 수 있는 환자들을 치료한다. 폴 또한 천주교 신자이다. 만약 그가 교회의 가르침을 그저 단순히 수용하기만 했다면 생의학적 복제나 줄기세포 연구를 지지하지 않았을 수도 있다.

그러나 대부분의 의사들처럼 폴에게도 환자들을 치료하기 어려운 시간들이 있었다. 폴은 딜레마에 처해 있었고 나는 그의 해석자가 작업해야 한다고 주장한다. 그는 한편으로는 생의학적 복제 연구를 지지하고, 다른 한편으로는 배아 연구가 도덕적으로 수용 불가능하다는 두 가지의 상호 모순되는 듯한 개인적 믿음을 가지고 있다. 그는 어떻게 해야 할까? 최근 폴은 《뉴잉글랜드 의학 저널》에서 생의학적 복제로 만들어진 것들은 '배아'가 아니라고 주장했다. 그것들은 '복제물clonotes'이지, 난자와 정자의 결합으로 만들어진 것이 아니기 때문이다.[5] 앞서 설명했듯이 복제된 배아는 세포핵이 제거된 난모세포(세포핵이 제거된 난자)를 취해서 또 다른 유기체나 동일한 유기체의 세포핵을 집어넣고 이 세포핵을 길러서 충분히 성장한 피조물이 되도록 한다. 이것이 바로 돌리가 만들어진 방법이고, 만약 그런 복제물을 여성의 자궁에 넣는다면 인간에게도 같은 절차가 진행될 것이다.

물론, 전통적 도덕주의자들은 이런 유형의 피조물과 자연적으로 태어난 피조물 사이에 아무런 차이도 없다고 본다. 이것이 바로 복제를 떠받치는 전체적인 아이디어이며, 여기서 도덕적 딜레마가 발생한다. 폴 맥휴는 생의학적 복제로 만들어진 피조물이 난자와 정자의 결합으로 형성된 것은 아니지만, 성숙한 체세포로부터 DNA를 완전히 보충해서 만들어진 것이므로 '복제물clonote'이라 불리는 다른 종류의 것이라고 주장한다. 이 주장은 자연적으로 생산된 배아를 변경시키는 것과 관련된 도덕적 우려들로부터 우리를 자유롭게 해줄 수 있고, 의학적으로 앞선 연구를 허용하게 도와준다. 이것은 딜레마에 대한 멋진 해결책이며, 해석자가 어떻게 우리를 궁지로부터 구출하는지를 보여 준다. 해석자는 새로운 생각을 만들어 내고, 우리는 각자 우리 자신의 복제물 이야기들을, 수백 개의 이야기들을 가지고 있다.

우리의 좌뇌가 자신의 자기 이미지나 지식 혹은 개념틀과 잘 맞지 않는 정보를 만나면, 좌반구 해석자는 그 정보들을 이해하고 매개하기 위해 하나의 믿음을 만들어 낸다. 이 해석자는 패턴과 질서 그리고 인과관계를 추구한다. 해석자가 만들어 낸 믿음들 중 우리가 가장 흔하게 볼 수 있는 것은 종교적 믿음이라는 문화 현상이다. 내가 나의 이전 책《사회적 뇌The Social Brain》에서 쓴 것처럼, 좌반구 해석자는 얻어지는 자료들을 대상으로 작업한다. 만약 예측하기 힘든 기후의 메소포타미아 지역에서 발생한 종교의 복잡성과 더 단순한 기후의 나일 강 지역 이집트인들의 삶에서 발생한 보다 선형적이고 간단한 믿음들을 대조해 보면, 세계의 본성에 대한 이론을 만들어 내는 데 있어 환경의 중요성도 대조해 볼 수 있다. 우리 인간이 가진 공통적인 도덕적 특성으로부터 종교가 생겨나는 반면, 주변의 문화적 환경들로부터 종교에 대한 해석이 만들어진다.

종교는 또 다른 믿음 체계일 뿐인가?

종교적 믿음은 오랫동안 도처에 존재해 왔다. 인간이 지구에 뿌리 내린 시간만큼이나 세계와 내세에 대한 믿음이 존재해 왔다. 잉카인들, 이집트인들, 그리스인들이 세운 과거와 현재의 문명들은 강한 믿음 체계를 가지고 있었고, 하나 이상의 신들을 가지고 있다. 학자들은 "세계에 대한 합리적 이해가 발전하면 과거 인간 문화에서 비합리적 영역으로 간주되는 종교가 가졌던 영향력이 필연적으로 감소될 것이다"라고 이론화했다.[6] 그러나 과학과 이성의 시대에도 종교는 여전히 많이 남아 있다. 매일 두세 가지의 새로운 종교들이 생겨나며 현재 세계에 1만여 개의 종교들이 있다(《세계 기독교 백과사전》).[7] 1993년 이후 국영 텔레비전에 방영된 종교적 상징과 영성에 대한 묘사는 400퍼센트 증가했다.[8]

교육받은 이들이 종교적 아이디어는 일종의 설명 체계일 뿐이고 개인들의 감정 상태를 설명하기 위해 사회 집단이 만들어 낸 이야기라는 것을 알게 되면 어떤 일이 일어나는가? 인간 종의 구성원들은 도덕적 선택의 상황을 예측 가능한 방식으로 느끼고 반응하는 경향이 있다. 하버드 대학교의 마크 하우저는 이런 생각을 지지하는 흥미로운 연구를 해왔다. 그는 '도덕감 테스트moral sense test'라고 이름붙인 도덕 추론 테스트 웹 사이트를 만들었다. 이 테스트는 일곱 가지 도덕적 딜레마 상황을 들은 뒤 어떤 행위를 수행하는 것이 도덕적인지를 대답하는 것이다. 그 딜레마들 중 하나의 예는 다음과 같다.[9]

오스카가 평소처럼 철로변에서 산책을 하고 있을 때였다. 오스카는 철길을 따라 달려오고 있는 열차가 멈출 수 없다는 것을 알아차렸다. 오스카는 무슨 일이 일어났는지를 보았다. 열차 기관사는 선로를 따라 걷고 있는 다섯 사람들을 보았고 브레이크를 세게 밟았다. 하지만 브레이크는 작동하지 않았고, 설상가상으로 기관사는 실신해 버렸다. 기차는 이제 다섯 사람을 향해서 돌진하고 있다. 기차가 너무 빨리 움직이는 바람에 다섯 사람들은 제 시간에 선로를 벗어날 수 없을 것이다. 다행히 오스카의 옆에는 철로 변환기가 있어서 그것을 조정하면 열차를 일시적으로 옆쪽 선로로 가게 할 수 있을 것이다. 옆 선로에는 무거운 물체가 하나 있다. 만약 열차가 그 물체에 부딪친다면, 열차의 속도는 느려질 것이고, 그 덕에 다섯 사람들이 도망갈 수 있는 시간을 벌 수 있을 것이다. 그런데 불행히도 그 무거운 물체 앞에는 한 사람이 뒤돌아 서 있다. 오스카는 철로 변환기를 움직여서 기차가 다섯 사람이 죽지 않게 할 수는 있지만, 그렇게 되면 옆 선로에 있는 사람이 죽게 된다. 그러나 이렇게 하지 않으면 다섯 사람이 죽게 된다.

오스카가 철로 변환기를 움직이는 것이 도덕적으로 허용 가능한가?

여러 연령대와 여러 국가의 사람들이 이 테스트를 마쳤고, 그들이 모두 다소 같은 방식으로 반응한다는 놀라운 결과가 나왔다. 차이가 있다면 그 반응을 해석하는 방식인데, 이는 그 문제에 대해 어떻게 생각하고 느끼는지에 따라 달라진다. 응답자들의 30퍼센트만이 그들의 결정을 충분히 정당화했다. 설명이 충분하려면 도덕적 딜레마에 대한 사실을 포함해야 했다.

이 모든 사실들은 종교적 믿음에 사회적 요소가 강하게 작용한다는 것을 암시한다. 종교는 인간에게 공통적으로 있는 본능적 반응으로부터 시작해서, 개인적 반응을 이해하려는 사회적 지지 체계와 합리화 체계로 진화했다. 다른 역사적 맥락에 있는 사람들, 즉 삶의 문제들에 대해 다른 태도를 가지는 사람들 역시 도덕적 입장에 대한 또 다른 이론들을 만들어 낼 것이다.

《애틀랜틱 몬스리》의 필자 중 한 명인 토비 레스터는 종교가 어떻게 발달했고, 사람들을 종교로 이끌고 종교를 번창하게 하는 것이 무엇인지를 오랫동안 연구했다. 그는 종교 활동이 다윈적인 규칙 아래 작동하는 일종의 '초자연적 선택'을 따른다고 썼다. 수년 동안 지속된 종교적 활동은 건강, 배우자 선택, 그리고 안전을 증진시키는 경향이 있다. 기독교 공동체는 "예컨대 공동체 구성원을 돌보는 것을 강조한다. 이렇게 해서 다른 공동체보다 병에 덜 걸리게 한다."[10] 몰몬 교도들은 "서로에게 아주 많은 사회봉사를 하는데, 이 모든 것은 공동체 결속을 쌓고" 교회 구성원에게 안정감을 준다. 몰몬 교도들은 "생긴 지 겨우 한 세기밖에 안 되었지만 이미 수백만 명의 신도가 있고 모든 종류의 문화적 정치적 영향을 미치는 세계 종교가 되어 가는 시점에 있다……."[11]

아프리카에서 성공했던 새로운 종교 활동이 "사람들이 생존을 위해 필요로 하는—사회적, 영적, 경제적, 그리고 짝을 찾는—모든 방식으로 살도록 돕는" 경향을 가진다는 발견은 '초자연적 선택'이론을 더 잘 지지해 준다. 레스터는 "종교적 경험의 원천은 신비하고, 비합리적이고, 아주 개인적일 수 있지만 종교 그 자체의 원천은 그렇지 않다. 종교는 심리적 현상이라기보다는 사회적 현상, 즉 적극적인 억압이 없는 상태들이고, 집단 행동의 관찰 가능한 규칙들에 따라 발달한다"고 결론 내린다.

이는 또한 《다윈의 대성당: 진화, 종교, 그리고 사회의 본성》이라는 훌륭한 책을 쓴 데이비드 슬론 윌슨의 견해이기도 하다. "종교처럼 시간과 에너지와 생각을 소비할 만큼 정교한 것은 세속적 유용성이 없다면 존재하지 않았을 것이다. 종교는 주로 혼자서 이룰 수 없는 것을 함께 이루기 위해 존재한다. 종교 집단이 적응 단위로서 기능하는 메커니즘은 종교를 갖지 않은 많은 이들이 수수께끼로 보는 바로 그 믿음들과 실천들을 포함한다."[12]

프랑스 국가과학연구센터의 파스칼 보이에르는 '문화적으로 성공적인'('영혼'이나 '신' 같은) 종교적 개념들이 번성한 이유는 '도덕성, 집단 동일성, 종교적 의식과 감정'과 연관되는 사회적 상호 작용에 대한 타고난 인지 능력이 종교적 개념과 일치하기 때문이라고 믿는다.[13] 즉 우리의 인지적·사회적 틀에 가장 잘 맞는 종교적 개념들이 생존하기가 가장 쉽다는 것이다. 예를 들어, '영혼'이라는 개념은 '사람'이라는 일차적이고 근본적인 범주를 활성화시키며, 이에 따르면 사람이 무엇인가—예컨대 생물학적 물질로 만들어진—에 대한 기대치가 무너져도 영혼이라는 개념은 여전히 한 사람의 특질들을 담고 있다고 생각할 수 있다. 당신은 사건들을 지각하고 기억하는 영혼, 마음을 가지고 있는 영혼을 상상할 것이고, 그것들이 다른 인간 특징들에 속하는 것이라고 믿을 것이다. 따라서 '영혼'이라는 개념의 성공 여부는 가장 밀접한 존재론적 범주인 '사람' 개념과 그것이 얼마나 잘 맞는지에 따라 달라진다. 이것은 기독교의 믿음에서 이야기하는 신성한 삼위일체(성부, 성자, 성신)의 개념이 어떻게 2000년간 살아남았는지를 보여 준다. 즉 신의 개념이 '사람'이라는 존재론적 범주와 잘 맞아떨어졌기 때문이다.

측두엽 간질과 종교적 믿음

신경심리학은 특정 뇌 영역이 다른 영역보다 특정 인지 상태와 더 관련되어 있다는 것을 계속 알게 해준다. 예를 들어 언어 정보는 우반구보다는 좌반구에서 더 많이 처리되고, 뇌의 뒤쪽보다는 앞쪽과 더 관련되어 있다. 믿음 체계 또한 뇌의 특정 부분과 관련된다. 우리는 삶의 본성에 대한 이야기를 만들어 내는 성향을 가지고 있고, 이것은 좌반구 해석자에서 나타난다.

분할 뇌 환자의 사례가 좌반구 해석자를 알게 한 것처럼, 다른 신경학적 장애와 이상을 가진 사람들도 마음의 작동에 대한 이해를 돕는 역할을 한다. 특히 측두엽 간질(TLE)이라 불리는 장애를 가진 사람들은 물리적으로 고정된 뇌와 여기서 생기는 '마음' 간의 상호작용에 대해 더 많이 이해할 수 있게 해준다. 100만여 명의 미국인들이 측두엽 간질을 앓고 있고, 진단받지 않은 또 다른 100만 명이 있다.[14]

측두엽 간질은 간질의 한 유형으로, 대부분의 사람들이 알고 있는 종류의 발작을 일으키지는 않는다. 측두엽 간질 발작을 앓는 사람은 항상 의식을 잃는 것은 아니며, 다른 형태의 간질적 발작과 종종 관련되는 경련성 근육 반응을 항상 보이지도 않는다. 측두엽 간질 발작이 일어나는 동안 환자는 눈에 띄게 비정상적으로 될 수도 있다. 또 이상한 소리, 시각, 냄새 혹은 촉각을 경험할 수도 있다. 한동안 말을 못할 수도 있고, 멍해 보일 수도 있으며, 입맛을 다시거나 옷을 집어드는 것과 같은 반복적 행위를 보일 수도 있다.[15]

측두엽 간질을 앓는 사람에 대한 것들 중 특히 흥미로운 것은 발작이 없을 때에도 발작의 원인인 측두엽 손상에서 생기는 특성들을 종종 보인다는 것이다. 보스턴 베스 이스라엘 병원에 있는 신경학자였던 고故 노먼 거쉬윈드는 그의 이름을 따서 명명된 거쉬윈드 증후군의 특징을 설명했다.[16] 이 증후군은 다섯 가지 특징을 가진다. 첫째는 과저술증hypergraphia인데, 이는 글을 쓰고자 하는 욕구를 주체할 수 없는 경향이다. 둘째는 과종교증hyperreligiosity으로 극단적으로 종교적이고 도덕적 우려를 하는 상태에 빠져 "때로는 여러 차례의 종교적 개종"으로 이끈다. 셋째는 공격성aggression으로, 항상 일시적으로 일어나지만 폭력적이지 않을 수도 있다. 넷째는 고수stickiness 혹은 타인에 대한 의존 혹은 달라붙음이다. 예컨대 대화를 끝낼 수 없는 상태를 이른다. 마지막으로 다섯 째는 변형된 성적 관심으로, 성적 관심이 극단적으로 증가하거나 감소하는 경향이다.

아주 유명한 사람들을 포함한 많은 사람들이 이런 거쉬윈드 증후군을 동반하는 측두엽 간질을 앓았다고 한다. 빈센트 반 고흐는 측두엽 간질로 진단받았고, 거쉬윈드 증후군의 모든 특징들을 보였다. 그는 형제에게 하루에 두세 차례씩 다섯 쪽이 넘는 분량의 편지를 썼다. 그의 수많은 그림들은 과저술증과 관련될 수 있고, 이는 그의 측두엽 간질이 악화되면서 그림의 작업량이 증가했다는 사실이 증명한다.[17] 젊을 때 그는 신교도적 신념으로 가득 찬 전도사가 되었고, 누더기 옷을 입었으며, 먹기를 거부함으로써 그 자신을 벌했다. 그는 또한 '부활한 그리스도' 중 하나를 포함한 신비한 시각을 가지기도 했다.[18] 이 위대한 화가는 흥분 상태에서 종종 공격을 했고, 그의 친구 폴 고갱을 쫓아가서 그를 죽이려고까지 했다. 이 사건이 잠잠해졌을 때 반 고흐는 친구를 죽이라고 했던 소리의 근원이라면서 자신의 귀를 잘랐다. 또, 반 고흐는 확실히 그의 형제인 테오에게 감정적으로 의존하고 있었다. 테오가 약혼했을 때 반 고흐는 슬퍼서 형제를 위해 기뻐해 줄 수 없다고 썼다. 이 예술가는 한동안 자신과 함께 지냈던 고갱에게도 매우 의존했다. 고갱이 떠나겠다고 했을 때 반 고흐는 그에게 머무르라고 간청했다. 또 '성적 흥미가 결여'되어 있었다는 증거도 있다.[19]

측두엽 간질을 앓았던 다른 유명인들 중에는 재기 넘치는 많은 저작을 남긴 도스도예프스키와 루이스 캐럴이 있다. 어떤 사람은 캐럴이 발작 동안 보았던 시각적 환상의 영향을 받아 《이상한 나라의 앨리스》를 썼다고 말하기도 하며, 전기 작가들은 그가 가졌던 종교성과 성적 무관심에 주목했다. 필립 딕, 구스타프 플라우버트, 조너선 스위프트, 소크라테스, 피타고라스, 아이작 뉴턴, 알렉산드로스 대왕, 표트르 대제, 율리우스 시저 모두 그들의 작품이나 믿음에 영향을 줄 수 있는 간질을 앓았다고 생각되는 사람들이다.

측두엽 간질과 이에 부수적으로 따라오는 거쉬윈드 증후군이 흥미로운 점은 발작 동안 종교적 체험이 많이 일어나고, 한 발작과 다음 발작 사이에는 신앙심이 깊어진다는 것이다. 만약 발작이 종교적 경험을 야기하고 뇌 조직을 과도하게 흥분케 한다면 종교성은 정상적으로 기능하는 뇌 안에 유기체적 기반을 가지는 셈이다. 물론 믿음이 물리적 기반을 가진다고 해서 종교적 믿음을 가진 이들이 모두 발작을 경험한다는 것은 아니다.

측두엽 간질이 종교적 경험을 야기한다는 것은 종교 지도자들이 측두엽 간질을 가졌을(혹은 적어도 가끔씩은 일시적인 측두엽 간질) 가능성에 대한 역사가들의 발견으로부터 나온다. 측두엽 간질 증세는 청각적 환상과 시각적 환상 모두—밝은 빛이나 사물이 더 자세하게 보이는 형태를 띠는—를 포함한다. 의학사가들은 성서에 나오는 인물인 사울이 발작을 경험했을 가능성이 있다고 한다. 사울이 다마스커스로 가는 도중 그는 밝은 빛을 보았고, 예수가 울부짖는 소리를 들었다. "사울아, 사울아, 왜 너는 나를 박해하느냐?" 이 경험 후 사울은 기독교로 개종했고 이름을 바울로 바꾸어서 그리스도의 사도가 되었다. 바울는 말라리아에 걸렸다고 전해지는데, 말라리아는 고열을 동반하며 뇌에 손상을 입힐 수 있다. 이 이야기에 따르면 바울은 잠시 동안 시력을 잃었다고 하는데, 드물기는 하지만 이것 또한 발작의 후유증으로 알려져 있다. 바울은 자신이 병에 걸렸다는 것을 알고 있었고, 코린트 인들에게 보내는 편지에서 "그리스도의 힘이 내 안에 머물고 있다. 따라서 나는 약하게 됨으로 기뻐하느니…… 그리스도를 위해서 고통을 겪는다"[20]라고 이야기했다.

간질을 앓았을 것으로 추정되는 종교적 인물들은 다른 종교들에서도 나타난다. 마호메트의 계시는 간질 증상에서 보이는 것과 유사한 시각적, 청각적, 감정적 요소들을 종종 가지고 있다. 게다가 마호메트는 "뇌 주변에 과도하게 물이 차 있는 채로 태어났고, 어릴 때 경련이 있었는데" 이것이 발작이었을 수 있다. 인생의 여정에서 간질적 발작을 경험한 것으로 알려진 사람들로는 모세, 석가모니, 잔다르크, 성 세실레아, 성 마르가르테, 성 미카엘, 성 카타리나, 그리고 테레사 수녀가 있다.

위대한 종교적 인물들이 간질의 영향을 받았을 가능성은 종교적 믿음의 진리성을 부정하게 만들기도 한다. 그래도 어떤 이들은 간질 경험 후 나오는 계시를 "도스도예프스키의 소설이나 반 고흐의 그림만큼 진리를 표현한다"고 생각한다. 어떤 이들은 이것이 영적인 신이 유한한 존재인 우리와 상호 작용하는 방식이라고 주장할 것이다.

거쉰드 자신은 마음의 작용을 더 많이 이해하기 위해선 측두엽 간질을 연구하는 것이 중요하다는 것을 알았다. 그는 다음과 같이 썼다. 측두엽 간질을 가진 사람이든 아니든 "측두엽 간질에서 보이는 인격의 변화는 행동을 이끄는 감정적 힘의 물리적 기반인 신경 체계를 판독할 수 있는 중요한 실마리일 수 있다." 종교 체계를 확립하는 선도적 역할을 하려는 동기가 있는 사람들은 측두엽 간질을 경험하는 강도도 클 것이다.

어떤 신경과학 연구들은 종교적 경험의 신경 상관자neural

correlate를 밝히는 데 도움을 많이 준다. 신경신학neurotheology이라 불리는 새로운 분야는 종교적 믿음과 경험에 큰 영향을 미치는 뇌의 세 영역들을 발견했다. 전두엽은 주의집중에 중요한 부위로, 뇌 영상 연구는 전두엽이 불교 스님들이 명상을 하는 동안,[21] 프란체스코 수도회 수녀들이 기도를 하는 동안[22] 활성화된다는 것을 보여 주었다. 독일의 신경과학자 니나 아자리와 그녀의 동료들은 종교 연구 참여자들이 종교 구절을 암송할 때 뇌의 전두 영역의 부분들이 활성화되었다는 것도 발견했다.[23]

측두엽은 강한 종교적 경험을 하는 동안[24] 그리고 청각적 환상을 경험하는 동안[25] 활성화된다. 어떤 이들은 측두엽이 "신의 목소리를 들을 때" 활성화된다고 믿는다.[26] 측두엽(특히 중간 측두 영역)은 종교적 경험의 감정적 측면을 담당한다. 캐나다 로렌시안 대학교의 마이클 퍼싱어는 약한 자기장을 만들어 내는 헬멧을 피실험자의 머리에 씌워서 측두엽 활동을 불러일으킬 수 있다고 주장했다. 이 뇌 부위가 자극되었을 때 피실험자는 앞서 기술된 측두엽 간질 환자들처럼 뚜렷한 종교적 경험을 했다.[27] 흥미롭게도 퍼싱어는 "좌측두엽은 우리의 자아감을 유지한다"고 추측했는데 이것은 좌반구 해석자라는 생각과 양립 가능하며, "좌측두엽이 자극받되 우측두엽은 그렇지 않을 때 좌뇌는 이를 느껴진 존재, 마치 자아가 몸이나 신과 분리된 것처럼 해석한다."《네이처》에 실린 최근의 한 논문은 우측 모이랑right angular gyrus이라 불리는 뇌의 한 부분에 전기 자극을 주면 간질의 위치를 파악하기 위해 뇌에 전극을 꽂고 있는 피실험자가 체외유리 현상out-of-body experience을 경험하게 된다고 보고했다.[28]

뇌의 이 영역은 체성감각과 전정vestibular 정보를 통합하는 데—공간 안에서의 몸에 대한 감각에 중요한—중요할 수 있다. 이 영역이 전기 자극이나 간질, 정상적인 과도흥분 상태로 자극되면 체외유리 현상이 일어날 수 있다.

전망

인간은 믿음을 형성하는 기계이다. 우리는 빠르고 견고하게 믿음을 형성하고 심화시킨다. 우리는 믿음의 기원이나 빈번하게 나타나는 이상한 측면들은 잊어버리고 믿음을 우리 삶에서 의미 있는 지도적 존재로 생각한다. 우리는 믿음에 의존하고 그와 모순된 정보가 있어도 그 믿음을 고수한다. 이것이 바로 인간의 뇌가 하는 일인 것 같다.

이런 과정들에 대해 더 많이 알게 될수록, 또 현대 지식의 영향이 서서히 우리의 합리적인 뇌와 관련될수록, 윤리적 체계들은 수백 수천 년에 걸쳐 진화한 믿음 체계로부터 생겨난다는 것을 알 수 있다. 세계의 위대한 종교들은 자연세계의 본질에 대한 경쟁적 자료들이 없는 시기에 구상되었다. 현재의 윤리 체계들 대부분이 이런 방식으로 생겨났다. 오늘날도 여전히 수백만의 사람들은 세계의 본성에 관해 증명된 지식에 대하여 삶을 이끄는 결정을 내리면서 자신들의 윤리관을 세우고 있다.

어떤 한 차원에서는 만약 누군가가 과학을 안다면 그는 뉴스에서 종교적 믿음이라는 이름 아래 사람들이 살고 죽는 것과 관련된 소식을 거의 들을 수 없게 될 것이다. 그러나 또 다른 차원에서는 종교적 믿음대로 사람들이 행동한다는 것도 놀랍지는 않다. 우리는 뇌 연결망이나 뇌의 보상 체계에 의해 아주 유사한 방식으로 도덕적 갈등에 반응한다. 사회집단에 속한 사람들은 그들의 느낌들을 설명하도록 돕는 사회체계를 발전시키며 그런 느낌들을 사회 구조 안으로 제도화한다.

신경과학적 자료, 역사적 자료, 그리고 우리의 과거를 조명하는 다른 자료들이 만나서 합쳐진다는 것을 아는 사람들과 기존의 지혜를 그저 삶의 지도 원리로 받아들이는 사람들 간에 느껴지는 긴장은 크다. 이 두 부류의 유일한 차이는 행동이 아니라 행동하는 방식에 왜 우리 자신이 반응하는지에 대한 이론의 차이이다. 우리의 이론들이 두 부류 간에 생기는 갈등의 근본 원인이라는 것을 알게 되면, 서로 다른 믿음 체계가 어울리도록 도울 수 있다.

제10장

보편 윤리를
향하여

끊임없이 발전하는 인간의 지식은 좋든 싫든 지구상 모든 인간들의 머릿속으로 서서히 스며든다. 하버드 광장부터 스리랑카의 외딴 마을까지, 모든 사람들은 유전자, 뇌, 인터넷, 좋은 삶에 대한 개념들을 가지고 있다. 전통적 믿음들이 현대의 지식과 충돌해도 유복한 문화들과 민주주의는 이 모든 지식들로부터 이익을 얻는다. 이것은 표면적인 것이다. 이런 물질적 이득의 이면에는 심리적 사실들이 있다. 현대의 지식은 수십억 명의 사람들이 보유하는 이런저런 개인적이고 영적인 믿음 체계와 충돌하고 있다. 쉽게 이야기하면, 아무도 아이들에게 그렇게 이야기하지 않지만 사실상 산타클로스는 없다.

커다란 동물인 우리 같은 인간들 1만 명이 약 5000세대 전에 세계를 배회하고 있었다. 이 1만 명이 우리 유전자의 기원이며, 99퍼센트가 똑같다. 이후 여러 문화들이 분주하게 생겨났고 비틀거리며 발전했다. 이런 기본적 사실을 인정하지 않는 사람은, 삶의 본성과 세계 역사에 대한 기존의 믿음을 고수하는 것이 아니라면 아예 그 믿음의 바깥에 있는 것이다. 이것이 바로 현대 시민들의 가장 혼란스러운 모습이고 공유된 가치에 대한 우리의 생각이다.

기존의 지혜들—인류 역사에서의 거인들의 생각들—은 근사하고 매혹적이며 지적이다. 그러나 현재의 과학적이고 역사적인 정보로부터 알게 된 것은 그런 지혜들이 첫 번째 추측들에 기반해 있다는 것이다. 아리스토텔레스, 소크라테스, 흄, 로크, 데카르트, 아퀴나스, 다윈, 홉스는 인간 본성에 대한 설명을 제시했고 오늘날까지도 공감을 준다. 삶의 태도에 대한 그들의 생각은 당시에 이용할 수 있었던 정보에 기초하여 세계를 훌륭하게 설명한다. 인류의 역사를 통해 볼 때 종교 활동들은 도덕적 규약들 및 인간이 된다는 것이 무엇인지에—사실상 존재한다는 것이 무엇인지—에 대한 해석과 이야기를 만들어 냈다. 이 모든 규약들과 이야기들은 우리의 풍부한 과거에서 나온 것이다. 그러나 이 풍부하고, 은유적이고, 매력적인 생각들—철학적이든, 과학적이든, 혹은 종교적이든—이 모두 나름의 강력한 증거를 가진다고 해도 그것들이 결국 꾸며낸 이야기라는 점은 가혹하고 냉담한 사실이다. 이 이야기를 믿거나 받아들이지 않더라도 대학들은 이 이야기들을 암묵적이든 명시적이든 매일 가르치고 있다.

더 환상적인 것은 새로운 과학적·역사적 자료들이 자연과 인간의 과거에 대한 이론을 지지한다고 해도 인간 본성이란 것이 도대체 있기나 한 것인지에 대해서는 의견들이 모두 다르다는 점이다. 스티븐 핑커가 최근 대통령 생명윤리위원회에서 언급한 것처럼, "20세기 대부분의 시기 동안, 서구 지성사에서 인간 본성의 존재는 광범위하게 부정되었고, 이를 보여 주는 세 가지 대표적인 인용구들은 다음과 같다. 철학자 호세 오르테가 이 가세트의 '인간의 본성이란 없다.' 인류학자이자 대중적 지식인인 애슐리 몬태규의 '인간의 본능이란 없다.' 진화생물학자 스티븐 제이 굴드의 '인간 두뇌는 충분한 범위의 행동들을 다 할 수 있고 아무런 성향도 없다.'"

하지만 고정된 특성들과 상황들로 표현되는 인간 본성이라는 것이 있다는 것을 우리는 안다. 고정된 심리적 특성들은 아기 때부터 존재하고, 인간은 다른 동물들에게는 없는 기술들과 능력들을 소유하며, 이 모든 것들이 인간 조건을 구성한다는 것도 안다. 또 우리가 진화 과정의 산물이라는 것도 안다. 우리는 커다란 동물이다. 인간의 기원에 대한 나머지 이야기들은 안락하고 감언이설이고 자극적이기도 하지만, 그럼에도 불구하고 꾸며낸 이야기들이다.

이는 우리를 곤경에 처하게 하고 숙제도 남긴다. 곤경은 우리를 주춤하게 한다. 대부분의 현대적 믿음 체계들과 도덕 체계들은 이론으로부터 생기며, 여러 시대의 훌륭한 마음들이 펼치는 논리로 실재의 본성을 설명한다. 이것을 믿는 사람들에게 제기되는 문제는 삶의 도전들에 대한 도덕적 대응으로서의 보편 윤리가 진화된 인간 본성과 문화에 혜택을 주는지이다. 우리가 한 종으로서 본유적인 도덕 감각을 가지고 있는지, 만약 그렇다면 자체적으로 그것을 인정하고 받아들일 수 있는지이다. 생명을 죽이는 건 좋은 생각이 아닌데, 신이나 알라나 붓다가 죽이는 것이 좋은 생각이 아니라고 말했기 때문이 아니라, 그저 그것이 좋은 생각이 아니기 때문이다.

우리 안에 각인된 도덕 감각

우리 인간 종이 도덕 감각, 즉 옳고 그름에 대해 판단하는 기본 능력을 가지고 있다는 가능성은 최근까지만 해도 생물학적 사실보다는 행동 분석을 통해 더 많이 논의되어왔다. 만약 이 논의를 완전히 벗어나지 않는다면, 도덕적 상황에서의 뇌의 작동에 대해 거의 모든 사실을 알게 된다. 현대의 사회과학자들은 인간 행동을 이해하려고 노력했지만 해결되지 않은 문제들이 여전히 남아 있다. 제임스 윌슨은 그의 고전적인 책 《도덕 감각The Moral Sense》(1993년)에서 사회과학적 연구 분석 방법을 사용했지만 "진실은, 만약 존재한다면 세부사항들 안에 있다…… 나는 '가치'를 증명할 '사실'을 발견하려는 것이 아니다. 나는 우리의 도덕적 관습과 도덕 감각의 진화적, 발달적, 그리고 문화적 기원을 드러내려 한다. 그리고 이 기원의 단일성을 발견하리라 생각한다. 단일성을 통해 인간 본성에 관한 일반적이고 비임의적이고 감정적으로 강력한 것을 더 잘 인지할 수 있다"라고 인정했다.[1] 하버드 대학교에 있었고 지금은 캘리포니아 대학교 로스앤젤리스 캠퍼스에 있는 저명한 정치학자인 윌슨은 다음과 같이 제안했다. "과학적 방법이 도덕성을 설명하는 데 얼마나 부적절한지는 몰라도, 실제로는 과학적 발견들이 도덕성의 존재와 힘을 지지해 준다."² 윌슨은 인간의 도덕 감각이 타고난 것임을 보여 주는 사례들을 철학사뿐 아니라 진화론, 인류학, 범죄학, 심리학 그리고 사회학까지 광범위하게 검토했다. 그는 지성인들의 논의를 이끄는 보편적인 도덕적 본능이 있다고 결론짓는다. 사실, 이 도덕적 본능은 너무 본능적이어서 종종 간과되기도 한다. "인간 보편성에 대한 많은 논의들은 법과 실천들에 대한 탐색으로 나타났다. 그러나 가장 보편적인 것은 너무 일반적이어서 규칙의 형태로 굳이 언급될 필요가 거의 없다……."³ 이런 보편적인 것들 중 가장 상위의 규칙은 살인과 근친상간은 잘못된 것이고, 어린이들을 돌봐야지 버려서는 안 되며, 거짓말을 하거나 약속을 어겨서는 안 되고, 가족에 충실해야 한다는 믿음이다.

윌슨은 도덕성이 순전히 사회적 구성물이라는 생각—우리는 외부 요인에 의해 어떤 방식으로 행동할 필요에 따라 제약을 받는다—을 거부한다. "어떤 상태를 만들고 관리하고 교환하는 계약이 있으려면 먼저 그 계약에 기꺼이 순응해야 한다. 뒤르켐의 말에 따르면 계약에는 어떤 비계약적 요소가 있어야 한다."

윌슨은 선견지명이 있었던 것 같다. 도덕적 추리에 대해 뇌에 기반을 둔 설명이 있다는 것을 암시하는 일련의 연구들은 이제 과학적으로 설명되었다. 감정 처리를 할 때 활성화되는 뇌 부위들은 어떤 도덕적 판단을 할 때에는 활성화되지만 또 다른 도덕적 판단을 할 때에는 활성화되지 않는다. 도덕적 결정의 본성에 관해 수년 동안 제시되어 온 논의들 간의 유사점과 차이점은 현대 뇌 영상의 발달로 해결되고 있다. 즉 도덕적 믿음에 의거한 행동은 감정을 담당하는 뇌 영역이 당면한 도덕적 문제를 고려할 때 활성화되기 때문에 일어난다는 것이다. 이것은 뇌의 자동 반응으로부터 도덕적 반응을 어떻게 예측할 수 있는지를 보여 준다.

우리는 어떻게 도덕적 판단을 내리는가

우선 과학자들은 도덕적 추론의 평가를 가능하게 하기 위해 다양한 도덕 이론들에 대한 심리학을 분석해 왔다. 즉 어떤 행동을 할지를 결정하기 위해 어떤 종류의 결정이나 판단이 필요한지를 질문했다. 도덕적 추론에 대한 평가는 분명 조심스럽고, 어떤 종류의 결정이 어떤 종류의 뇌 반응을 야기하는지를 실험실에서 알기란 더 어렵다. 그래도 유능한 연구자들은 그런 분석을 수행하고 있다.

진화심리학은 도덕적 추론이 인간 생존—사회에서 행동하는 데 있어 어떤 규범을 인지하고 타인과 자신에게 적용하는 능력은 생존과 번성을 돕는다—에 유효하다고 지적한다. 공군 사관학교에 있는 젊은 철학자 윌리엄 D. 캐시비어는 다음과 같이 썼다. "우리는 사회적 동물이고, 사회적 환경에서 번성하려면 우리가 무엇을 해야 하는지에 대해 추론하는 방법을 배워야 한다."[4] 그렇다면 문제는 이런 추리 능력이 진화에 의해 형성된 뇌 안에 갖추어져 있는지의 여부이다.

이런 문제들이 바로 인간 뇌의 독자성, 즉 인간 조건에 대한 진짜 비밀들이다. 오래전에 수행된 연구는 이미 뇌의 본질적 기능이 결정을 내리는 것, 즉 뇌가 의사 결정 도구라는 것을 인정했다. 인간 의식의 어떤 차원도 사회적 문제들, 즉 사회 집단에서의 위치와 상황에 대해 우리가 온종일 내리는 시시각각의 판단들보다 더 많은 결정을 내리지 않는다. 끊임없이 사회적으로 비교할 필요성 같은 것들 때문에 뇌 용량이 거대하게 확장되었고 그 결과 거대한 대뇌 피질이 만들어진 것일 수도 있다. 사회적 결정은 우리의 보편적인 도덕적 한계에 의해 영향을 받는가? 이 문제는 사회신경과학이라는 새로운 분야가 흥미롭기도 하고 잠재적으로 계몽적이기도 한 이유를 설명해 준다.

도덕적 추론을 하는 동안 활성화되는 특정 뇌 영역을 검토하는 실험을 하려면 먼저 도덕적 추론 자체를 검토할 필요가 있다. 수많은 도덕 이론들을 다 검토하는 것은 어려울 것이다. 그렇다 하더라도 세 가지 대표적인 서양 철학이론으로부터 시작하는 것이 좋을 것이다. 그것은 철학자 존 스튜어트 밀의 공리주의, 임마누엘 칸트의 의무론, 그리고 아리스토텔레스의 관습론이다. 공리주의자들은 다수의 사람에게 다수의 행복을 산출하는 행위에 초점을 맞추는 방식으로 기본 문제들을 중요시한다. 의무론자들은 행위의 결과보다는 행위를 산출한 의도에 초점을 맞추기 때문에 이상적 결과보다는 다른 사람의 권리를 침범하지 않는 것이 더 중요하다고 본다. 관습론자들은 덕을 배양하고 악을 피하는 것을 지향한다.[5]

캐시비어는 이 세 가지 철학 이론들을 검토한 뒤 다음과 같이 결론지었다. "이 설명들은 각기 다른 뇌 영역과 관련된다고 농담 삼아 이야기할 수 있다. 전두(칸트), 전전두, 대뇌변연계, 그리고 감각

(밀), 모든 것을 적절하게 통합시키는 행위(아리스토텔레스)."이 설명은 다음 질문의 핵심을 건드린다. 뇌 안에 도덕적 추론의 중심이 있는가? 도덕적 결정을 내릴 때 복잡하고 분산된 신경 연결망이 활성화된다는 것은 꽤 그럴듯하다. 현대의 뇌영상 기술은 도덕적 추론을 설명해 낼 수 있는가?

도덕적 인지에 대한 연구는 세 가지 주요 주제들을 다룬다. 도덕 감정, 마음 이론, 그리고 추상적인 도덕적 추론이다. 행동의 동기가 되는 도덕 감정은 섹스, 음식, 목마름 등과 같은 기본 충동을 조절하는 뇌 줄기와 대뇌변연계 축에 의해 주로 움직인다. 마음 이론은 타인의 생각을 판단하는 능력을 가리키는 용어로, 이 마음 이론을 근거로 우리는 적절한 행동을 취할 수 있다. 즉 마음 이론은 사회적 행동을 지도하기 때문에 도덕적 추론에 본질적이다. 7장에서 논의했던 '거울 뉴런', 안와 전두피질, 편도의 내측 구조, 그리고 위관자 고랑이 마음 이론을 처리하는 곳으로 알려져 있다. 마지막으로, 추상적인 도덕적 추론은 여러 뇌 시스템들을 사용한다는 것이 뇌 영상에서 밝혀졌다.

연구자들이 제기하는 추상적인 도덕적 추론의 딜레마는 손수레 문제trolley problem로, 9장에서 이 중 한 종류에 대해 설명했다. 이 문제가 안고 있는 도덕적 딜레마의 배경은 다음과 같다. 열차는 선로를 따라 맹렬히 달려오고 있고, 다섯 사람이 앞에 서 있다. 당신은 그 열차가 다섯 사람을 치게 내버려 두어야 하는지, 아니면 당신 옆에 있는 변환기 스위치를 당겨서 열차가 다섯 사람을 치지 않도록 해야 하는지를 결정해야 한다.

대부분의 사람들은 자신들이 다른 선로에 있는 사람을 희생시키지 않을 것이라고 주장한다. 그러나 동시에 그들은 스위치를 당겨서 그 기차가 다른 선로로 가도록 할 것인데, 이렇게 하면 다섯 사람은 구할 수 있지만 선로가 변경된 기차는 한 사람을 죽게 할 것이다. 여기서 제기되는 문제는 그런 본능적 반응이 어디에서 오는가 하는 것이다. 동시에 발생하는 두 가지 반응들의 신경적 기반이 있는가? 이 반응은 진화를 통해서 연마되었는가?

프린스턴 대학교 출신의 조슈아 그린은 보다 일반적인 두 가지 예를 제시한다. 새로 구입한 차를 몰고 있던 도중 길가에 쓰러져 있는 남자를 보았다고 하자. 그는 사고를 당해 피투성이가 되어 있었다. 당신은 그를 병원으로 데려가서 생명을 구할 수 있을 것이다. 그러나 그렇게 되면 당신의 새 차는 온통 피로 범벅이 될 것이다. 그 남자를 그냥 내버려 두는 것이 도덕적으로 좋은 것인가? 또 다른 이야기를 생각해 보자. 당신이 100달러를 보내면 열 명의 굶주리는 어린이들의 생명을 구할 수 있다는 편지를 받았다. 돈을 보내지 않는 것은 괜찮은 것인가?

그린과 그의 동료들은 어떤 선택을 하든 겉으로는 같지만—아무 것도 안하고 자기 이익을 보존하거나 아니면 당신 자신에게는 아무런 소득 없이 생명을 구하거나—첫 번째 시나리오는 개인적이고 두 번째 시나리오는 비개인적이라는 점을 발견했다. 이미 언급한 것처럼, 손수레 문제 같은 개인적 딜레마에 대한 판단을 할 때에는 감정 및 도덕 인지와 관련된 뇌 부위가 더 많이 활성화된다는 것을 발견했다. 왜 그런가? 진화론적 관점에서 보면 도와주는 이가 즉각적인 혜택을 받아 왔기 때문에 이타적 본능과 감정이 결합되는 신경 구조가 선택되었을 수 있다. 직관적 본능 혹은 도덕성은 진화 과정을 통해 선택된 결과이다. 우리는 생존 가능성을 높이도록 재빠른 도덕적 결정을 내리는 인지 과정을 가지고 있다. 만약 우리가 바로 앞에 있는 사람을 구하도록 만들어져 있다면 우리는 더 잘 생존할 것이다. 돈을 기부하는 경우 멀리 떨어진 곳에 대한 이타주의는 그다지 필요하지는 않다. 보이지 않으면 마음도 멀어진다. 긴박한 필요성은 없다.

이런 사실은 도덕적 진리가 정말 보편적인지, 아니면 단지 개인적인 의견이나 직관적 본능일 뿐인지의 중심 문제들로 돌아가게 한다. 언제 도덕적 판단을 내리고 외부적 진리를 지각하거나 내적 태도를 표현하는가? 뇌 영상은 뇌가 기본적인 도덕적 딜레마에 반응한다는 것을 보여 준다. 딜레마에 직면한 순간 모든 사회적 자료나 우리 각자가 소유하는 개인적인 생존 이익, 문화적 경험 그리고 우리 종의 기본 기질이 하위 의식적 메커니즘으로 흘러 들어가고, 행위든 휴식이든 그것을 추진하는 하나의 반응으로 흘러나오는 것 같다. 이것이 윌슨이 이야기하는 도덕적 섬광이다. 이것은 우리 자신을 파괴하지 않도록 오랜 시간 동안 우리 인간 종을 보호해 주는 접착제이다.

9장에서 보았듯이 마크 하우저는 이 문제를 언급했다. 만약 합리적 과정을 거쳐 도덕적 판단이 내려진다면 다른 문화, 연령, 성별의 사람들이 공통적인 문제에 다르게 반응한다는 점을 예측할 수 있다. 또, 결정을 내리는 데 이용 가능하고 명확히 표현된 정당화를 할 것이라고 생각했다. 하우저는 성, 나이, 문화와 상관없이 대부분의 피실험자들이 유사한 방식으로 반응하고 선택한다는 것을 보여 주었다. 가장 중요한 것은 그 반응들이 명확하게 표현되거나 정당화될 수 없다는 것이다. 즉 도덕적 문제들에 대응할 때 활성화되는 공통적인 하위의식적 메커니즘이 있는 것 같다. 하우저의 연구에 참가한 이들이 그들의 결정이 어떻게 이루어졌는지를 설명했을 때, 그 설명들 중 어느 것도 특별히 합리적이거나 논리적이지 않았다. 그 설명들은 개인적 해석자가 자신의 눈에 옳아 보이는 이런저런 이론들을 바로 그 자리에서 엮어서 만들어 낸 것처럼 보였다.

내가 이 책을 통틀어 주목했던 것처럼 대부분의 도덕적 판단은 직관적이다. 우리는 한 상황이나 의견에 반응을 하고 왜 우리가 그런 방식으로 느끼는지를 설명한다. 즉 우리는 어떤 상황에 대해 자동적 반응을, 즉 두뇌 도출적인 반응을 한다. 우리는 그런 반응이 절대적 진리에 대한 반응이라고 믿는다. 나의 제안은 그런 생각이 해석자인 뇌에 의해 만들어지며, 그것이 절대적인 '옳음'에 대한 이론을 만들어 낸다는 것이다. 도덕적 규약이 어떻게 만들어지는지에 대한 이러한 설명은 도덕적 판단의 문제를 직접적으로 제시하는 것이다. 그린이 지적하듯 "가난한 이들을 돌보는 것과 자신의 돌봄이 객관적으로 옳다고 생각하는 것은 서로 다른 문제이다"[6] 이것이 결국에는 옳은 것 같다.

뇌는 사회 집단의 도덕적 규약을 발전시키는 생산적 역할을 하면서 타인의 마음 상태를 고려한다. 보편적으로 인정된 자기 생존 메커니즘들은 함께 협력해 왔고, 사회적 배경에서 작동되곤 했다.

진화는 인간뿐만 아니라 집단을 구하는데, 집단을 구하는 것은 또한 사람을 구하는 것이기도 하다. 이런 것들을 위해 우리는 타인의 마음을 읽게 되었다.

마음 읽기

'마음을 읽는'—즉 행동을 설명하거나 예측하기 위해 타인에게 정신적, 감정적 상태를 부여하는—방법에 대한 대표적인 두 이론이 있다. 첫 번째 이론은 모의 이론simulation theory(ST)인데, 자기 자신을 다른 사람의 입장에 놓고 그 사람의 상황에서 우리가 어떻게 할지를 헤아려 보는 것이다. 우리는 '가짜' 자료들을 헤아려 보기 위해 상상력을 동원한다. 실제와는 다른 가짜 자료들에 근거해 행동하는 것이 아니라 단지 어떻게 할 것인가를 상상만 하는 것이다.[7]

모의 이론과 경쟁하는 이론은 중복되는 표현을 사용하는 이론-이론theory-theory(약자로는 TT)이다. 이론-이론은 "마음에 대한 통속 이론 안에 인간 행동을 이해하는 데 사용하는 정신적 용어와 개념들을 넣어 설명력과 예측력을 얻는다"[8]고 주장한다. 통속 심리학은 타인의 행동을 판단하는 데 사용하는 규칙 집합이다. 우리가 이 규칙 집합들을 사용한다는 사실을 굳이 의식할 필요는 없다. 그런데 통속심리학 이론은 어디에서 생겨나는가? 도덕적 진리가 어디에서 생겨 나는지에 대해 그린이 제기한 본성-양육 딜레마와 같은 문제들과 대조적으로, 통속심리학에서는 우리가 지식을 가지고 태어나는가, 아니면 배우는 것인가의 문제가 제기된다. 이론-이론의 지지자들은 별도의 '마음 이론' 모듈이 뇌 안에 있는지, 아니면 같은 효과를 산출하는 연속적 표상체가 있는지의 문제뿐만 아니라 그 이론이 본유적인 것인지 아니면 학습되는 것인지에 대해 다른 의견들을 가지고 있다. 이론-이론가들이 동의하는 것은 행동 판단을 위해 부호화되는 지식을 사용한다는 것이다.

다른 한편, 모의 이론simulation theory은 행동을 판단하기 위해 이론이나 지식체, 혹은 규칙들을 사용하는 것이 아니라고 주장한다. 그 대신 "우리 자신의 마음 절차가 다른 마음에 대해 조작 가능한 모형으로 간주된다." 말하자면, 사람들이 Y 같은 상황에서는 X를 하는 경향이 있다고 일반화하더라도 이런 일반화는 이미 존재하는 지식에 엄격히 기반을 둔 것이 아니라 그로부터 도출되는 것이라고 믿는다. "뇌가 행동을 이끄는 데 사용하는 자원이 다른 사람에 대한 모형에 발휘된다면 우리는 무엇이 사람들을 행동하게 하는지에 대한 정보를 굳이 저장할 필요가 없다. 우리는 그저 그렇게 할 뿐이다."[9]

감정이입 이타주의 가설이라고 불리는 이 가설은 오래되고 풍부한 심리학의 역사가 그 밑그림을 제공하는데, 그 핵심은 타인이 고통스러워하는 것을 볼 때 우리가 가지고 있는 원형적인 사회적 행동을 설명하는 것이다. 이 가설에 따르면 우리는 자동적으로 그리고 무의식적으로 우리 마음 안의 고통을 흉내 내면서 우리 자신의 기분이 나빠진다는 것이다. 추상적으로가 아니라 문자 그대로 기분 나쁘게. 우리는 타인의 부정적인 느낌에 감염되며 이 상태를 경감시키기 위한 행동을 할 동기를 부여받는다. 수많은 연구들이 모의 이론, 즉 한 개인을 향한 느낌을 조작하는 것이 어떤 행동을 증진시킨다는 생각을 지지해 준다. 예를 들어, 고통스러워하는 표현을 보는 것은 돕고자 하는 행동을 증진시킨다.[10]

애덤 스미스는 사회적 전염병에 대한 이런 측면을 알고 있었다. 1759년 그는 다음과 같이 썼다. "다른 사람의 팔다리 위로 넘어져 쓰러지는 발작을 볼 때 우리는 자연스레 움츠러들고 다리나 팔을 뒤로 빼게 된다. 그리고 발작이 시작되면 우리는 어느 정도 그것을 느끼고 고통받는 사람뿐만 아니라 그것에 의해서도 상처를 받는다…… 민감한 신경섬유와 약한 체질을 가진 사람들은 걸인들의 몸에 난 종기와 궤양들을 보면 자신들의 몸이 가렵거나 불편한 감각이 느껴지는 것 같다고 호소한다."[11]

이 아이디어를 지지하기 위해 무수한 실험들이 수행되었다. 다트머스에 있는 나의 이전 동료인 존 란제타와 그의 동료들은 사람들이 그들 자신과 유사한 생리학적 활성화 패턴을 가진 촉각, 미각, 통증, 두려움, 기쁨 그리고 흥분의 감각에 반응하는 경향이 있다는 것을 되풀이해서 보여 주었다. 그들은 문자 그대로 타인의 감정 상태를 자신의 것인 양 느낀다.[12] 타인의 고통에 반응하는 경향은 타고나는 것 같다. 신생아는 태어난 첫날 다른 신생아의 통증에 반응하여 운다는 것이 증명되었다.[13]

이런 모든 논변들을 고려해 본 결과, 모의 이론이 맞다고 믿는다. 신경과학적 관점에서 보면, 거울 뉴런이 모의 이론을 지지할 수 있다. 거울 뉴런은 '행위 이해'와 밀접한 관련이 있다고 여겨진다.

인간의 거울 뉴런에 대한 단일 세포 연구는 윤리적 문제 때문에 불가능하지만 신경생리학과 뇌영상의 실험들은 거울 뉴런이 행위 모방뿐만 아니라 행위 이해를 돕는 기능을 한다는 것을 보여 준다.[14]

1954년 마르세이유에 있는 앙리 가스토와 그의 동료들은 사회작용에 대한 신경생리학 연구를 수행했다. EEG 뇌파는 피실험자들이 행위를 수행할 때뿐만 아니라 타인들이 행위를 수행하는 모습을 볼 때도 반응했다. 이후에 더 발전된 자기뇌파검사magnetoencephalo-graphic 기술과 신경체계에 전기자극을 주는 비침투적 기술인 경두개자기자극(TMS) 같은 뇌 측정 기술들은 가스토의 연구가 맞다는 것을 증명했다. 더 최근의 연구에서 나온 또 다른 중요한 발견은 척수가 "움직임을 만들어 내지 않고도 그 행위에 '반응'할 수 있는 자유를 피질 운동 체계에 주면서" 관찰된 행위를 자기 자신은 하지 못하게 한다는 것이다.[15] 리졸라티와 그의 동료들은 경두개자기자극 연구가 인간 거울 시스템의 존재뿐만 아니라 원숭이의 시스템과는 중요한 점에서 다르다는 것을 보여 준다고 지적한다. 즉 목표 지향적인 움직임뿐만 아니라 모호한 제스처와 같은 의미 없는 움직임도 알아차린다는 것이다.

이런 사실들이 중요한 이유는 이것들이 움직임을 모방하는 데 필요한 기술들이고, 인간의 거울 뉴런 체계가 모방을 통해 학습하는 토대라는 것을 보여 주기 때문이다.

영상 연구는 거울 시스템에 의해 활성화되는 복잡한 연결망을 검토한다. 이것은 도덕적 추리에 대한 생물학적 작업을 하는 데 중요하다. 어떤 행위를 관찰할 때 뇌의 어떤 부위가 활성화되는지 안다면 세계를 이해할 때 뇌가 어떤 메커니즘을 사용하는지 배울 수 있다. 예를 들어, 짖고 있는 개를 관찰할 때는 운동 영역과 시각 영역이 활성화되고, 짖는 개의 그림을 볼 때는 시각 영역만 활성화된다면, 이것은 두 가지 상황의 정보가 다르게 처리된다는 사실뿐만 아니라 다른 정보 처리는 다른 생리학적 경험을 야기한다는 것도 알려준다. 개가 짖는 것을 보면 나의 운동 시스템이 활성화되며, 이에 따라 관찰된 행위와의 더 깊은 공명이 만들어진다. 짖고 있는 개의 그림을 보는 것은 그와 같은 방식으로 뼛속까지 공명하지는 않는다.

리졸라티는 우리가 새로운 운동 패턴을 배울 때 거울 메커니즘을 통해서 기본 움직임들을 구분하는 것이 가능하며 거울 시스템이 이 기본적인 움직임 표상들을 활성화시키면 그것들은 행위로 재조합된다고 한다. 또 이전에 로빈 알로트가 말했던 것처럼 모방과 행위 이해에 역할을 하는 거울 시스템은 또한 언어의 진화론적 선구자일 수도 있다고 주장한다.[16] 즉 의미의 추상적 표상인 언어를 이해하기 위해 우리는 타인의 동작을 이해하는 것으로부터 시작한다. 이 아이디어는 손 동작과 입 동작이 연관되어 있다는 연구에 의해 지지된다.

라마찬드란의 인식 불능증 환자—자신들의 마비를 부정하는 환자들—에 대한 연구는 거울 뉴런의 또 다른 중요한 역할을 보여 준다. 라마찬드란은 그들 자신의 마비 상태를 부정하는 증상을 가진 환자들 중에는 타인의 마비 상태까지도 부인하는 환자들이 있는데, 이들이 거울 뉴런에 손상을 입었기 때문이라고 설명한다. "언제든 타인의 움직임에 대한 판단을 내리려 할 때는 뇌에 대응하는 움직임을 마치 가상현실로 모의하듯이 해야 하는 것과 같은데, 거울 뉴런 없이는 이것을 할 수가 없다."[17] 만약 그렇다면, 뇌가 자신의 경험뿐만 아니라 타인의 경험 또한 느끼도록 만들어졌다는 모의 이론가들의 견해를 거울 뉴런이 지지해 주는 것이다.

모의 이론과 이론-이론 간의 긴장은 다시금 보편 윤리의 딜레마에 대해 생각하게 한다. 우리와 독립적으로 존재하는 규칙 집합에 의존하는 도덕적 진리는 우리가 학습해야 하는 규칙들인가? 아니면 감정이입을 통해 행동을 예측하고, 그에 따라 행위하도록 갖추어진 시스템을 사용하는 뇌의 결과로 도덕적 진리가 생겨나는가? 그 답이 무엇이든 한 가지는 분명하다. 규칙들은 존재한다.

우리는 견고한 진리들로 만들어지는 보편 윤리가 아니라, 맥락적이고, 감정에 영향을 주고, 생존을 돕게끔 고안된 구체적인 상황들로부터 만들어지는 보편 윤리를 찾아야 한다. 바로 이러한 이유 때문에 우리 모두가 동의할 수 있고 의존해서 살아갈 그런 절대적 진리에 도달하기가 어려운 것이다. 그러나 도덕이란 것이 맥락적이고 사회적이며 신경 메커니즘에 기반해 있다는 것을 알면, 윤리적 문제들을 다루는 방식을 결정하는 데 도움을 받을 수 있다. 신경윤리에 있어서 필수적인 사항은 다음이다. 우리가 뇌의 신경 구조를 바탕으로 사물에 반응한다는 사실을 이용해서, 주어진 특정 맥락에서 가장 좋거나 논리적인 해결책을 제공하는 직관적 본능을 논의하는 것이다.

나는 보편 윤리가 가능하다는 견해에 분명한 입장을 취해서 그

것을 이해하거나 정의하도록 노력해야 한다고 생각한다. 이것은 어마어마한 생각이고 일견 앞뒤가 맞지 않는 것처럼 보인다. 그래도 다른 출구는 없다. 우리는 세계에 대한 믿음과 인간 경험의 본성이란 것이 얼마나 편향적인지, 그리고 우리가 과거 이야기들에 얼마나 많이 의존하는지를 알고 있다. 어떤 차원에서는 우리 모두가 이것을 안다. 현대 과학의 과제는 인간이 어떤 자연 질서를 믿고 싶어하는지, 그리고 그 질서가 어떻게 특징지어지는지를 이해하도록 돕는 것이다.

주석

서문

1 Safire, W.(2003). "The Risk That Failed," *New York Times*, July 10.

제1장 배아의 도덕적 지위

1 뇌의 발달에 관한 이 장의 배경은 별도로 언급하지 않는 한 다음의 문헌을 참고한 것이다. Background for this section on brain development is provided by Nolte, J.(2002). "Development of the Nervous System," Chapter 2 in The *Human Brain: An Introduction to Its Functional Anatomy*, 5th ed.(St. Louis: Mosby).

2 Craig, K. D., M. F. Whitfield, R. V. E. Grunau, J. Linton, and H. D. Hadjistavropoulos(1993). "Pain in the Preterm Neonate: Behavioural and Physiological Indices," *Pain* 52: 287-299.

3 Wijdicks, E. F. M., M.D.(2002). "Brain Death Worldwide: Accepted Fact but No Global Consensus in Diagnostic Criteria," *Neurology* 58: 21-22.

제2장 노화하는 뇌

1 President's Council on Bioethics(2003). *Beyond Therapy: Biotechnology and the Pursuit of Happiness*(Washington, D.C.: President's Council on Bioethics),

p. 223.

2   Terry, R. D., and R. Katzman(2001). "Life Span and Synapses: Will There Be a Primary Senile Dementia?" *Neurobiology of Aging* 22(3): 347-348.

3   Feldman, M. L., and A. Peters(1998). "Ballooning of Myelin Sheaths in Normally Aged Macaques," *Journal of Neurocytology* 27(8): 605-614.

4   Ibid.

5   Gallagher, M., and P. R. Rapp(1997). "The Use of Animal Models to Study the Effects of Aging on Cognition," *Annual Review of Psychology* 48: 339-370.

6   Jonides, J., C. Marshuetz, E. E. Smith, P. A. Reuter-Lorenz, R. A. Koeppe, and A. Hartley(2000). "Age Differences in Behavior and PET Activation Reveal Differences in Interference Resolution in Verbal Working Memory," *Journal of Cognitive Neuroscience* 12(1): 188-196.

7   Gallagher, M., and P. R. Rapp(1997). "The Use of Animal Models to Study the Effects of Aging on Cognition."

8   Whalley, L.(2001). The Ageing Brain(London: Weidenfeld & Nicolson); 또한 다음을 보라. Isacson, O., H. Seo, L. Lin, D. Albeck, and A. C. Granholm(2002). "Alzheimer's Disease and Down's Syndrome: Roles of APP, Trophic Factors and ACh," Trends in Neuroscience 25(2): 79-84.

9   Dresser, R.(1995). "Dworkin on Dementia: Elegant Theory, Questionable Policy," Hasting Center Report 25(6): 32-38.

10 Deadly Medicine, Creating the Master Race, exhibit, United States Holocaust Museum, 2004.

제3장 더 나은 아이를 디자인할 수 있을까

1   미국 대통령 생명윤리위원회에서 발표한 스티븐 핑커의 문서이다. "Human Nature and Its Future," March 6, 2003; 다음을 보라. www.bioethics.gov/ transcripts /marcho3/session3.html.

2   Nedivi, E., D. Hevroni, D. Naot, D. Israeli, and Y. Citri(1993). "Numerous Candidate Plasticity-Related Genes Revealed by Differential cDNA Cloning,"

Nature 563: 718-722.

3   Sandel, M. J.(2004). "The Case Against Perfection: What's Wrong with Designer Children, Rionic Athletes, and Genetic Engineering," *Atlantic Monthly*, April, p. 58.

4   미국 대통령 생명윤리위원회에서 발표한 프랜시스 콜린스의 문서이다. "Genetic Enhancements: Current and Future Prospects," 2002.

5   Turkheimer, E.(2000). "The Laws of Behaviour Genetics and What They Mean," *Current Directions in Psychological Science* 5: 160-164.

6   Pinker, S.(2002). *The Blank Slate: The Modern Denial of Human Nature*(London: Penguin Press), pp. 372-399.

7   Plomin, R.(1990). "The Role of Inheritance in Behaviour," *Science* 248(4952): 183-248.

8   Bouchard, T. J., Jr., and M. McGue(1981). "Familial Studies of Intelligence: A Review," *Science* 212(4498): 1053-1059. 또한 다음을 보라. Plomin, R.(1990). "The Role of Inheritance in Behaviour."

9   Plomin, R.(1988). "The Nature and Nurture of Cognitive Abilities," in *Advances in the Psychology of Human Intelligence*, R. Sternberg, ed.(Hillsdale, N. J.: Erlbaum), vol. 4 pp. 1-33.

10 McCartney, K., M. J. Harris, and F. Bernieri(1990). "Growing Up and Growing Apart: A Developmental Meta-analysis of Twin Studies," *Psychological Bulletin* 107(2): 226-237; McGue, M., T. J. Bouchard, Jr., W. G. Iacono, and D. T. Lykken(1993). "Behavioral Genetics of Cognitive Ability: A Life-Span Perspective," in *Nature, Nurture, and Psychology*, R. Plomin and G. E. McClearn, eds.(Washington, D.C.: American Psychological Association), pp. 59-76; and Plomin, R.(1986). *Development, Genetics, and Psychology*(Hillsdale, N.J.: Erlbaum).

11 Plomin, R.(1997). "Identifying Genes for Cognitive Abilities and Disabilities," in *Intelligence: Heredity and Environment*, R. J. Sternberg and E. L. Grigorenko, eds.(New York: Cambridge University Press), pp. 89-104.

12 Darwin, C.(1871). *The Descent of Man and Selection in Relation to*

Sex(London: Murray).

13 Bouchard, T. J., Jr.(1994). "Genes, Environment and Personality," *Science* 264: 1700–1701.

14 Gottesman, I. I., and J. Shields(1982). *Schizophrenia: The Epigenetic Puzzle*(Cambridge: Cambridge University Press).

15 Rice, J., T. Reich, N. C. Andreasen, J. Endicott, M. VanEerdewegh, R. Fishman, R. M. Hirschfeld, and G. L. Klerman(1987). "The Familial Transmission of Bipolar Illness," *Archives of General Psychiatry* 44(5): 441–447.

16 Lesch, K.-R, D. Bengel, A. Heils, S. Z. Sabol, B. D. Greenberg, S. Petri, J. Benjamin, C. R. Muller, D. H. Hamer, and D. L. Murphy(1996). "Association of Anxiety–Related Traits with a Polymorphism in the Serotonin Transporter Gene Regulatory Region," *Science* 274: 1527–1531.

17 주석 1을 보라.

18 Turkheimer, E.(2000). "The Laws of Behaviour Genetics and What They Mean."

19 Kosof, A.(1996). *Living in Two Worlds: The Immigrant Children's Experience*(New York: Twenty–First Century Books), cited in Pinker, S. (2002). *The Blank Slate.*

20 Harris, J.(1998). *The Nurture Assumption*(New York: Free Press).

21 Turkheimer, E., and M. Waldron(2000). "Non shared Environment: A Theoretical, Methodological, and Quantitative Review," *Psychological Bulletin* 126: 78–108.

22 Plomin and Daniels, quoted in ibid.

23 주석 1을 보라.

24 2002년 미국 대통령 생명윤리위원회가 성선택에 관해 연구한 다음의 논문에서 참고하였다. "Thinking about sex selection." http//bioethics.gov/background/background2.html

25 Sandel, M. J.(2004). "The Case Against Perfection."

26 Quoted in ibid.

제4장 뇌를 훈련시키다

1 Sergeant, D. C.(1969). "Experimental Investigation of Absolute Pitch," *Journal of Research in Musical Education* 17: 155-143. 또한 다음을 보라. Baharloo, S., P. A. Johnston, S. R. Service, J. Gitschier, and N. B. Freimer(1998). "Absolute Pitch: An Approach for Identification of Genetic and Nongenetic Components," *American Journal of Human Genetics* 62: 224-251.

2 Baharloo, S., S. R. Service, N. Risch, J. Gitschier, and N. B. Freimer(3000). "Familial Aggregation of Absolute Pitch," *American Journal of Human Genetics* 67: 755-758.

3 Montgomery, H. E., B. Marshall, H. Hemingway, S. Myerson, P. Clarkson, C. Dollery, M. Hayward, D. E. Holliman, M. Jubb, M. World, E. L. Thomas, A. E. Brynes, N. Saeed, M. Barnard, J. D. Bell, K. Prasad, M. Rayson, P. J. Talmus, and S. E. Humphries(1998). "Human Gene for Physical Performance," *Nature* 395(21): 221. 이 논문은 gene for angiotesin-converting enzyme(ACE)가 운동 능력과 연관되어 있다고 보고하였다. ACE, 특히 genotype homozygous for the I allele insertion(II)는 지속력을 증가시키면서 심장 출력과 근육 모세관 밀도를 증가시키는 데 관련될 수 있다.

지구력이 뛰어난 산악인들은 보통 사람들보다 II(2 allele insertion) ACE 유전형을 더 많이 가지고 있고 DD(2 allele deletion) ACE 유전형은 더 적게 가지고 있다. ACE 유전형 또한 영국 군대 훈련병들의 일반 신체 건강 프로그램에서의 수행을 예견했다. DD의 ACE 유전자형은 훈련에 실패한 이들이 가지고 있었다. 남성 군인들은 DD 유전자형을 가진 이들보다는 II 유전자형을 가진 이들의 지구력이 11배나 더 높았다. Gayagay, G., B. Yu, B. Hambly, T. Boston, A. Hahn, D. Celermajcr, and R. Trent(1998). "Elite Endurance Athletes and the ACE 1 Allele? The Role of Genes in Athletic Performance," *Human Genetics* 103: 43-50. 이 논문은 지지 증거들을 제시해 준다. 즉 ACE I 대립유전자는 심장혈관 수행 능력이 증가하였다는 유전적 표지이다. (정상적 모집단에서 64명의 호주 노잡이들과 대조집단들의 DNA가 그 증거이다.)

4 Pascual-Leone, A.(2001). "The Brain That Plays Music and Is Changed by It," *Annals of the New York Academy of Sciences* 930: 316-329.

5   Pantev, C. A. Engelien, V. Candia, and T. Elbert(2001). "Representational Cortex in Musicians: Plastic Alterations in Response to Musical Practice," *Annals of the New York Academy* of Sciences 930: 300-314.

6   Elbert, T., C. Pantev, C. Weinbruch, B. Bockstroh, and E. Taub(1995). "Increased Cortical Representation of the Fingers of the Left Hand in String Players," *Science* 270: 305-307.

7   Pantev, C, A. Engelien, V. Candia, and T. Elberl(2001). "Representational Cortex in Musicians: Plastic Alterations in Response to Musical Practice."

8   Tervaniemi, M.(2001). "Musical Sound Processing in the Human Brain: Evidence from Electric and Magnetic Recordings," *Annals of the New York Academy of Sciences* 930: 259-272.

9   Schlaug, G., L. Jancke, Y. Huang, and H. Steinmetz(1995). "In Vivo Evidence of Structural Brain Asymmetry in Musicians," *Science* 267: 699-701.

10 Jäcke, L., G. Schlaug, and H. Steinmetz(1997). "Hand Skill Asymmetry in Professional Musicians," *Brain and Cognition* 34: 424-432.

11 Pascual-Leone, A., D. Nguyet, L. G. Cohen, J. P. Brasil-Neto, A. Cammarota, and M. Hallett(1995). "Modulation of Muscle Responses Evoked by Transcranial Magnetic Stimulation During the Acquisition of New Fine Motor Skills," *Journal of Neurophysiology* 74: 1037-1045. 또한 다음을 보라. Rarni, A., G. Meyer, P. Jezzard, M. M. Adams, R. Turner, and L. G. Ungerleider(1995). "Functional MRT Evidence for Adult Motor Cortex Plasticity During Motor Skill Learning," *Nature* 537: 155-158.

12 Classen, J., J. Liepert, S. Wise, M. Hallett, and L. G. Cohen(1998). "Rapid Plasticity of Human Cortical Movement Representation Induced by Practice," *Journal of Neurophysiology* 79: 1117-1123.

13 Ziemann, U., W. Muellbacher, M. Hallett, and L. Cohen(2001). "Modulation of Practice-Dependent Plasticity in Human Motor Cortex" *Brain* 124: 1171-1181. 이를 증명하기 위해, 지만의 연구실은 인간 지원자들의 손에 허혈 신경차단ischemic nerve block을 주어서 GABA를 감소시켰다. (아래팔 주변에 지혈기를 45분간 사용해서 손으로 흐르는 혈류와 신경활동을 제한함으로써 운동피

질로 정상적인 신호를 보낼 수 없도록 하면 GABA 억제로부터 운동피질을 해제할 수 있다.) GABA 수준을 증가시키기 위해서 연구자들은 GABA 분자들을 결합하기 위해 GABA의 화학물 수용기의 능력을 증가시키는 특별한 약물(로라제팜 lorazepam)을 복용하게 했다. 피질 표상에서의 변호가 TMS로 측정되었다.

제5장 똑똑한 뇌를 만드는 약

1 nootrope이라는 용어는 코르넬리우 E. 기우르게아가 1972년에 만들었다. Giurgea, C.(1972). "Vers une pharmacologie de l'activit?integrative du cerveau: Tentative du concept nootrope en psychopharmacologie," *Actual Pharmacol*(Paris) 25: 115-156.

2 이에 대한 논의는 다음을 참고하라. Hall, S. S.(2005). "The Quest for a Smart Pill," *Scientific American* 289(5): 54.

3 Rose, S. P. R.(2002). "'Smart Drugs': Do They Work? Are They Ethical? Will They Be Legal?" *Neuroscience* 3: 975-979.

4 Hall, S. S.(2003). "The Quest for a Smart Pill."

5 Tang, Y. P., et al.(1999). "Enhancement of Learning and Memory in Mice," *Nature* 401: 63-69.

6 Yesavage, J. A., M. S. Mumenthaler, J. L. Taylor, L. Friedman, R. O'Hara, J. Sheik, J. Tinklenberg, and P. J. Whitehouse(2002). "Donepezil and Flight Simulator Performance: Effects on Retention of Complex Skills," *Neurology* 59(1): 123-125.

7 Rose, S. P. R.(2002). "Smart Drugs."

8 Gardner, H.(2000). *Intelligence Reformed: Multiple Intelligences for the 21st Century*(New York: Rasic Books).

9 Spearman, C.(1904). "'General Intelligence' Objectively Determined and Measured," *American Journal of Psychology* 15: 201-293.

10 Deary, I. J.(2001). "Human Intelligence Differences: A Recent History," *Trends in Cognitive Sciences* 5(3): 127-130.

11 Chorney, M. J., K. Chorney, N. Seese, M. J. Owen, P. McGuffin, J. Daniels, L.

A. Thompson, D. K. Determan, C. P. Benbow, D. Lubinski, T. C. Eley, and R. Plomin(1998). "A Quantitative Trait Locus(QTL) Associated with Cognitive Ability in Children," *Psychological Science* 9: 159-166.

12 나머지 부분은 뇌척수액의 양과 뇌의 혈관의 부피가 포함된다.

13 Thompson, P., T. C. Cannon, and A. W. Toga(2002). "Mapping Genetic Influences on Human Brain Structure," *Annals of Medicine* 34: 523-536. 주지할 것은 만약 지능의 50퍼센트가 유전적이라면 나머지 50퍼센트는 환경을 비롯한 다른 요인들과 관련된다는 점이다. 환경적 요인에 대해서는 많이 알려지지 않았지만 어린 시절에 얼마나 교육과 독서에 노출되었는지가 관련된다. 게다가 가정폭력이나 아동 학대와 같은 사건들은 지능지수가 평균 8점 정도 낮아질 만큼 부정적 영향을 미칠 수 있다. 이에 대한 논의를 위해서는 다음을 보라. Koenen, K. C, T. E. Moffitt, A. Caspi, A. Taylor, and S. Purcell(2003). "Domestic Violence Is Associated with Environmental Suppression of IQ in Young Children," *Developmental Psychopathology* 15(2): 297-311.

14 Thompson, P. M., T. D. Cannon, R. L. Narr, T. van Erp, V.-P. Poutanen, M. Huttunen, J. Lonnqvist, K.-G. Standertskjold-Nordenstam, J. Kaprio, M. Khaledy, R. Dail, C. I. Zoumalanand, and A. W. Toga(2001). "Genetic Influences on Brain Structure," *Nature Neuroscience* 4(12): 1253-1258.

15 Duncan, J., R. J. Seitz, J. Kolodny, D. Bor, H. Herzog, A. Ahmed, F. N. Newell, and H. Emslie(2000). "A Neural Basis for General Intelligence," *Science* 289: 457-460.

16 Sternberg, R. J.(2000). "Cognition: The Holey Grail of General Intelligence," *Science* 289: 399-401. 더욱이 그것은 비교적 최근이긴 하나 비슷한 연구에서도 언급되었다.(Wilke, M., J.-H. Sohn, A. W. Byars, and S. K. Holland [2003]. "Bright Spots: Correlations of Gray Matter Volume with IQ in a Normal Pediatric Population," *NeuroImage* 20: 202-215) 이 논문은 전대상회anterior cingulate(전두엽의 또 다른 부분)에 있는 회색질의 부피가 전체 뇌 그 자체의 부피보다 지능지수와 더 상관관계가 있다는 것을 보여 주었다.

17 브로드만 영역 39, 왼쪽.

18 Diamond, M. C, A. B. Scheibel, G. M. Murphy, Jr., and T. Harvey(1985).

"On the Brain of a Scientist: Albert Einstein," *Experimental Neurology* 88(1): 198-204. 또한 다음을 보라. Duncan, J., H. Emslie, P. Williams, R. Johnson, and C. Freer(1996). "Intelligence and the Frontal Lobe: The Organization of Goal-Directed Behavior," *Cognitive Psychology* 30(3): 257-303.

19 White, N. S., M. T. Alkire, and R. J. Haier(2003). "A Voxel-Based Morphometric Study of Nondemented Adults with Down Syndrome," *NeuroImage* 20(1): 393-403.

20 Rose, S. P. R.(2002). "'Smart Drugs.'"

제6장 나의 뇌가 시킨 것이다

1 이 글은 나의 다음 논문을 수정한 것이다. Gazzaniga, M. S., and M. S. Steven (2004). "Free Will in the 21st Century: A Discussion of Neuroscience and the Law," in *Neuroscience and the Law*, B. Garland, ed.(New York: Dana Press).

2 Gould, S. J.(1997). *Ever Since Darwin*(New York: W. W. Norton).

3 Dennett, D. C.(2005). *Freedom Evolves*(New York: Viking Press), p. 157.

4 이에 대한 검토를 위해서는 다음을 보라. Libet, B.(1991). "Conscious vs Neural Time," *Nature* 352(6330): 27-28.

5 Dennett, D. C.(2003). *Freedom Evolves*, p. 228.

6 Libet, B.(1999). "Do We Have Free Will?" *Journal of Consciousness Studies* 6(8-9): 45.

7 다음을 보라. Locke, J.(1690). *An Essay Concerning Human Understanding*, Book II, Chapter XXI, paragraph 47.

8 Ramachandran, V.(1998). Quoted in "The Zombie Within" *New Scientist*, September 5, 1998.

9 Gazzaniga, M. S., and J. E. LeDoux(1978). *The Integrated Mind*(New York: Plenum).

10 반사회적 인격 장애에 대한 진단의 기준에 대하여는 다음을 보라. *Diagnostic and Statistical Manual of Mental Disorders*, 4th ed.(1994).(Washington, D.C.: American Psychiatric Association).

11 Nolte, J.(2002). *The Human Brain: An Introduction to Its Functional Anatomy*, 5th ed.(St. Louis: Mosby), pp. 548–549.

12 Harlow, H. M.(1868). "Recovery from the Passage of an Iron Bar Through the Head," *Massachusetts Medical Society Publication* 2: 327.

13 재구성에 대한 상세한 사항은 다음을 보라. Damasio H., T. Grabowski, R. Frank, A. M. Galaburda, and A. R. Damasio(1994). "The Return of Phineas Gage: Clues About the Brain from the Skull of a Famous Patient," *Science* 264(5162): 1102–1105.

14 Damasio, A. R.(2000). "A Neural Basis for Sociopathy," *Archives of General Psychiatry* 57: 128.

15 주목해야 할 점은 이 연구에 대한 어떤 비판가들은 Raine et al.(Raine, A., T. Lencz, S. Bihrle, L. La Casse, and P. Colletti[2000]. "Reduced Prefrontal Gray Matter Volume and Reduced Autonomic Activity in Antisocial Personality Disorder," *Archives of General Psychiatry* 57: 119–127) 의 논문이 정말로 대조 집단에 의한 약물 남용의 효과를 뿌리 뽑을 수 있는지의 여부에 문제를 제기한다. 이 비판가들의 더 조심스러운 결론은 "실질적 사용과 결합된 APD는 전전두 피질 부피의 감소와 관련된다"는 것이다. 더 상세한 비판 내용은 다음을 보라. Seifritz, E., R. M. Dursteler–MacFarland, and R. Stohler(2001). "Is Prefrontal Cortex Thinning Specific for Antisocial Personality Disorder?" *Archives of General Psychiatry* 58: 402(comment on Raine, A., et al. [2000] [see above]). For a response, see Bigler, E. D., A. Raine, L. LaCasse, and P. Colletti(2001). "Frontal Lobe Pathology and Antisocial Personality Disorder," *Archives of General Psychiatry* 58: 609–611.

16 Bigler, E. D., et al.(2001). "Frontal Lobe Pathology and Antisocial Personality Disorder."

17 Ayer, A. J.(1954). "Freedom and Necessity," in *Philosophical Essays*, A. J. Ayer, ed.(London: Macmillan).

18 Waldbauer, J. R., and M. S. Gazzaniga(2001). "The Divergence of Neuroscience and Law," *Jurimetrics* 4: 357(Symposium Issue).

19 Ibid.

1 Rizzolatti, G., L. Fogassi, and V. Gallese(2001). "Neurophysiological Mechanisms Underlying the Understanding and Imitation of Action," *Nature Reviews Neuroscience* 2: 661-670.

2 Phelps, E. A., K. J. O'Connor, W. A. Cunningham, E. S. Funayama, J. C. Gatenby, J. C. Gore, and M. R. Banaji(2000). "Performance on Indirect Measures of Race Evaluation Predicts Amygdala Activation," *Journal of Cognitive Neuroscience* 12(5): 729-738.

3 Greely, II.(2002). Neuroscience Future Conference, Royal Institution of Great Britain.

4 다음 책에 있는 참고문헌 10에서 15까지를 보라. Kurzban, R., J. Tooby, and L. Cosmides(2001). "Can Race Be Erased? Coalitional Computation and Social Categorization," *Proceedings of the National Academy of Sciences* 98(26): 15387-15592

5 Ibid., p. 15397.

6 Trivers, R.(2000). "The Elements of a Scientific Theory of Self-Deception," *Annals of the New York Academy of Sciences* 907: 114-131.

7 Mele, D.(1997). "Real Self-Deception," *Behavioral Brain Science* 20: 91-136.

8 See Feder, B.(2001). "Truth and Justice, By the Blip of a Brain Wave," *New York Times*, 9 October.

9 As reported in Wen, P.(2001). "Scientists Eyeing High-Tech Upgrade for Lie Detectors," *Boston Globe*, 16 June.

10 See Feder, B.(2001). "Truth and Justice, By the Blip of a Brain Wave."

11 www.brainwavescience.com/pressreleaseadmissibihty102.htm.

12 www.skirsch.com/politics/plane/ulthnate.htm.

13 www.skirsch.com/politics/plane/endorsers.htm에서 하워드 L. 사이먼의 진술을 보라.

14 Sententia, W.(2001). "Brain Fingerprinting: Databodies to Databrains," *Journal of Cognitive Liberty* 2(3): 31-46.

15 See www.cognitiveliberty.org/issues/mental_surveillance.htm.

16 Wen, P.(2001). "Scientists Eyeing High-Tech Upgrade for Lie Detectors,"에 보
고된 것이다.

17 Mercer, B., "Can Computers Read Your Mind?" Tech Live, Tech TV. 아래 인
터넷 사이트에서 대본을 읽을 수 있다. www.imsc.usc.edu/press/pdfs/techtv_
ncr_5_oznew.pdf

18 Ibid.

19 미국 수정헌법 제1조. 다음을 보라. www.archives.gov/national_archives_
experience/charters/bill_of_ rights.html.

20 Abood v. Detroit Board of Education, 431 US 209(1977). "수정헌법 제1조의 핵
심은 한 개인은 그가 의지하는 대로 믿는 데 있어서 자유로워야 하며 자유 사회
에서 한 사람의 믿음은 국가에 의해 강제되기보다는 그의 생각과 양심에 따라 형
성되어야 한다는 개념이다."

21 Supreme Court Brief for the United States by Theodore Olsen, Solicitor
General, et al. No. 02-566425, www.cognitiveliberty.org/news/sell_ussc_
merits.htm.

22 Annas, G. J.(2004). "Forcible Medication for Courtroom Competence?The
Case of Charles Sell," Legal Issues in Medicine, *New England Journal of
Medicine* 350: 2297-2501.

제8장 뇌의 기억은 불완전하다

1 Shih, M., N. Ambady, and T. Pittinsky(1999). "Stereotype Susceptibility:
Identity Salience and Shifts in Quantitative Performance," *Psychological
Science* 10: 80-83; and M. Shih, N. Ambady, J. A. Richeson, R. Fujila, and H. M.
Gray(2002). "Stereotype Performance Boosts: The Impact of Self-Relevance
and the Manner of Stereotype Activation," *Journal of Personality and Social
Psychology* 83: 638-647.

2 Westbury, C, and D. C. Dennett(2000). "Mining the Past to Construct the
Future: Memory and Belief as Forms of Knowledge," in *Memory, Brain,
and Belief*, D. L. Schacter and E. Scarry, eds.(Cambridge, Mass.: Harvard

University Press), p. 13.

3 Schacter, D. L.(2001). *The Seven Sins of Memory: How the Mind Forgets and Remembers*(Boston: Houghton Mifflin), p. 91.

4 Loftus, E.(2003). "Our Changeable Memories: Legal and Practical Implications," *Nature Neuroscience* 4: 231-234.

5 Schacter, D. L.(2001). *The Seven Sins of Memory*, p. 92.

6 Neisser, U., and N. Harsch(1992). "Phantom Flashbulbs: False Recollections of Hearing the News About Challenger," in *Affect and Accuracy in Recall: Studies of Flashbulb Memories*, E. Winograd and U. Neisser, eds.(Cambridge: Cambridge University Press), pp. 9-31.

7 Ibid.

8 Schacter, D. L.(2001). *The Seven Sins of Memory*, p. 62 ff.

9 Ibid., p. 75.

10 Anderson, M. C, and B. A. Spellman(1995). "On the Status of Inhibitory Mechanisms in Cognition: Memory Retrieval As a Model Case," *Psychological Review* 102(1): 68-100.

11 Koutstaal, W. D. L. Schacter, M. K. Johnson, and L. Galluccio(1999). "Facilitation and Impairment of Event Memory Produced by Photograph Review," *Memory and Cognition* 27(3): 478-493.

12 Bell, B. E., and E. F. Loftus(1989). "Trivial Persuasion in the Courtroom: The Power of(a Few) Minor Details," *Journal of Personality and Social Psychology* 56(5): 669-679.

13 Koriat, A., M. Goldsmith, and A. Pansky(2000). "Toward a Psychology of Memory Accuracy," *Annual Review of Psychology* 51: 481-537.

14 Begg I. M., R. K. Robertson, V. Grupposo, A. Anas, and P. R. Needham(1996) "The Illusory Knowledge Effect," *Journal of Memory and Learning and Language* 35: 410-433.

15 다음을 보라. Koriat, A., et al.(2000). "Toward a Psychology of Memory Accuracy," and Roediger, H. L., and K. B. McDermott(2000), "Tricks of Memory," Current Directions in Psychological Science 9, 125-127. 이에 대한

논의는 다음을 보라. Roediger, H. L., and K. B. McDermott(1995), "Creating False Memories: Remembering Words Not Presented in Lists," *Journal of Experimental Psychology: Learning, Memory & Cognition* 21: 803-814. 그리고 DRM 패러다임에 대한 논문은 다음을 보라. Deese, J.(1959) "On the Prediction of Occurrences of Particular Verbal Intrusions in Immediate Recall," *Journal of Experimental Psychology* 58, 17-22, for original papers on the DRM paradigm.

16 이 설명은 다음 책을 참고하였다. Schacter, D. L.(2001). *The Seven Sins of Memory*, p. 92.

17 Foley, M. A., and H. J. Foley(1998). "A Study of Face Identification: Are People Looking Beyond Disguises?" in *Memory Distortions and Their Prevention*, M. J. Intons-Peterson and D. L. Best, eds.(Mahwah, N.J.: Erlbaum), p. 30.

18 Ibid., p. 32.

19 이와 유사한 연구, 즉 아무도 발견되지 않았는데 비행기 추락 장면을 사람들이 회상하는(암시적인 질문을 받은 후) 내용은 다음을 보라. Ibid., p. 112.

20 Koriat, A., et al.(2000). "Toward a Psychology of Memory Accuracy," p. 504.

21 Schacter, D. L.(2001). *The Seven Sins of Memory*, p. 147.

22 Allport, G. W.(1954). *The Nature of Prejudice*(Cambridge, Mass.: Addison-Wesley), p. 21.

23 다음도 보라. Banaji, M. R., and R. Bhaskar(2000). "Implicit Stereotypes and Memory: The Bounded Rationality of Social Beliefs," in *Memory, Brain, and Belief*, p. 150 ff.

24 Ibid., p. 151.

25 Conway, M. A., S. J. Anderson, S. F. Larsen, C. M. Donnelly, M. A. Daniel, A. G. McClelland, R. E. Rawles, and R. H. Logie(1994). "The Formation of Flashbulb Memories," *Memory and Cognition* 22(3): 326-343; 또한 다음을 보라. Guy, S. C, and L. Cahill(1999). "The Role of Overt Rehearsal in Enhanced Conscious Memory for Emotional Events," *Consciousness and Cognition* 8(1): 114-122.

26 Norman, K. A., and D. L. Schacter(1997). "False Recognition in Younger and Older Adults: Exploring the Characteristics of Illusory Memories," *Memory* *and Cognition* 25: 838-848.

27 "Gray Matters: Memory and the Brain"(2000), p. 18. Produced by the Dana Alliance for Brain Initiatives for Public Radio International. 내용은 다음의 사이트에서 볼 수 있다. www.dana.org/books/radiotv/grn_1297.cfm.

28 하두정엽nferior parietal cortex과 우측상두정엽right superior parietal cortex도 향상된 활성화를 보인다. 다음을 보라. McDermott K. B., T. C. Jones, S. E. Petersen, S. K. Lageman, and H. L. Roediger III(2000). "Retrieval Success Is Accompanied by Enhanced Activation in Anterior Prefronlal Cortex During Recognition Memory: An Event-Related fMRI Study," *Journal of Cognitive Neuroscience* 12(6): 965-976.

29 Loftus, E.(2003). "Our Changeable Memories," p. 233.

30 Westbury, C, and D. C. Dennett(2000). "Mining the Past to Construct the Future," p. 13.

제9장 뇌에서 믿음이 만들어진다

1 Dunbar, K.(1999). "How Scientists Build Models: In Vivo Science As a Window on the Scientific Mind," in *Model-Based Reasoning in Scientific Discovery*, L. Magnani, N. Nersessian, and P. Thagard, eds.(New York: Plenum), pp. 89-98.

2 Ibid.

3 Gazzaniga, M. S., and J. E. LeDoux(1978). The Integrated Mind(New York: Plenum); Gazzaniga, M. S.(1989). "Organization of the Human Brain," *Science* 245: 947-952; Gazzaniga, M. S.(1998). *The Mind's Past*(Berkeley: University of California Press); Gazzaniga, M. S.(2000). "Cerebral Specialization and Interhemispheric Communication: Does the Corpus Callosum Enable the Human Condition?" *Brain* 125: 1293-1326. 마이클 셔머는 책《우리는 어떻게 믿는가How We Believe》에서 우리의 뇌가 주변 세계에 대한 믿음을 만들어 내는 것을 돕는다는 '믿음 엔진' 가설을 제안했다. 그는 이 '믿음 엔진'의 뇌 영역이 어디인지는 자세히 쓰지 않았지만 '좌반구 해석자'를 비롯

한 발견들과 일맥상통한다.

4 Gazzaniga, M. S.(2000). "Cerebral Specialization and Interhernispheric Communication."

5 McHugh, P.(2004). "Zygote and 'Clonote': The Ethical Use of Embryonic Stem Cells," *New England Journal of Medicine* 351: 209-211.

6 Shermer, M.(2000). *How We Believe: The Search for God in an Age of Science*(New York: W. H. Freeman).

7 Barrett, D. B., G. T. Kurian, and T. M. Johnson(2001). *World Christian Encyclopedia: A Comparative Survey of Churches and Religions in the Modern World*, 2nd ed.(Oxford: Oxford University Press).

8 Lester, T.(2002). "Oh, Gods!" *Atlantic Monthly*, February, pp. 37-45.

9 moral.wjh.harvard.edu로부터 허가를 받아 재수록하였다.

10 Lester, T.(2002). "Oh, Gods!"

11 Toby Lester 와의 인터뷰. 다음을 참조하라. Atlantic Online, February 8, 2002. 다음을 보라. www.theatlantic.com/doc/prem/200202u/int2002-02-08.

12 Wilson, D. S.(2002). *Darwin's Cathedral: Evolution, Religion, and the Nature of Society*(Chicago: University of Chicago Press).

13 Boyer, P.(2000). "Functional Origins of Religious Concepts: Ontological and Strategic Selection in Evolved Minds," *Journal of Royal Anthropological Institute* 6: 195-214.

14 LaPlanle, E.(1993). *Seized*(New York: Harper Collins).

15 LaPlante, E.(1998). "The Riddle of TLE: A Hard-to-Diagnose Malady Causing Bizarre Behavior May Be Curable!" *Atlantic Monthly*, November, p. 30 ff.

16 Geschwind, N.(1977). "Behavioral Changes in Temporal Lobe Epilepsy," *Archives of Neurology* 340: 453.

17 LaPlante, E.(1993). *Seized*.

18 Ibid.

19 Ibid. 반 고흐의 TLE 증상에 관한 모든 설명은 이 흥미로운 책에서 참고한 것이다.

20 코린티안에게 보낸 파울루스의 편지는 다음에서 인용하였다. Ibid., p. 122.

21 Newberg, A., A. Alavi, M. Bairn, M. Pourdehnad, J. Santanna, and E. d'
    Aquili(2001). "The Measurement of Regional Cerebral Blood Flow During
    the Complex Cognitive Task of Meditation: A Preliminary SPECT Study,"
    Psychiatry Research 106(2): 113-122.

22 Newberg, A., M. Pourdehnad, A. Alavi, and E. G. d'Aquili(2003).
    "Cerebral Blood Flow During Meditative Prayer: Preliminary Findings and
    Methodological Issues," *Perceptual Motor Skills* 97(2): 625-630.

23 Azari, N. P., et al.(2001). "Neural Correlates of Religious Experience,"
    European Journal of Neuroscience 13: 1649-1652.

24 TLE(LaPlante, E. [1993]. Seized)가 제시한 증거와 V. S. 라마찬드란의 신경과학
    회 1997년도 연설문.

25 Blackwood, N. J., R. J. Howard, D. H. Ffytche, A. Simmons, R. P. Bentall,
    and R. M. Murray(2000). "Imaging Attentional and Attributional Bias: An fMRI
    Approach to the Paranoid Delusion," *Psychological Medicine* 30(4): 873-883.

26 Bentall, R. P.(2000). "Hallucinations," in *Varieties of Anomalous Experience*,
    E. Cardeña, S. J. Lynn, and S. Krippner, eds.(Washington, D. C.: American
    Psychological Association); referenced in Begley, S.(2001). "Religion and the
    Brain," *Newsweek*, May 7, pp. 50-57.

27 Hill, D. R., and M. A. Persinger(2003). "Application of Trans cerebral,
    Weak(1 microT) Complex Magnetic Fields and Mystical Experiences: Are
    They Generated by Field-Induced Dimethyltryptamine Release from the Pineal
    Organ?" *Perceptual Motor Skills* 97(3 Pt. 2): 1049-1050.

28 Blanke, O., S. Ornigue, T. Landis, and M. Seeck(2002). "Stimulating Illusory
    Own-Body Perceptions," *Nature* 19(6904): 269-270.

제10장 보편 윤리를 향하여

1 Wilson, J. Q.(1993). *The Moral Sense*(New York: Free Press), p. 26.
2 Ibid., p. xii.
3 Ibid., p. 18.

4 Casebeer, W. D.(2003). "Moral Cognition and Its Neural Constituents," *Nature Reviews Neuroscience* 4: 840-847.

5 Ibid.

6 Greene, Joshua(2003) "From Neural 'Is' To Moral 'Ought': What Are The Moral Implications of Neuroscientific Moral Psychology?", *Nature Reviews Neuroscience*, Vol. 4 847-850.

7 Gallese, V., and A. Goldman(1998). "Mirror Neurons and the Simulation Theory of Mind-Reading," *Trends in Cognitive Sciences* 2: 493-501; Goldman, A.(1989). "Interpretation Psychologized," *Mind and Language* 4: 104-119.

8 Ibid.

9 Gordon, R. 다음을 보라. www.umsl.edu/~philo/Mind_Seminar/ New%20 Pages/subject.html.

10 Batson, C. D., and J. S. Coke(1981). "Empathy: A Source of Altruistic Motivation for Helping," in *Altruism and Helping Behavior: Social Personality and Developmental Perspectives*, J. P. Rushton and R. M Sorrentino, eds. (Hillsdale, N. J.: Erlbaum), pp. 167-211. Also, Cialdini R. B., S. L. Brown, B. P. Lewis, C. Luce, and S. L. Neuberg(1997). "Reinterpreting the Empathy-Altruism Relationship: When One into One Equals Oneness," *Journal of Personality and Social Psychology* 73: 481-494; and Hoffman, M. L.(2000). *Empathy and Moral Development: Implications for Caring and Justice*(New York: Cambridge University Press).

11 Hatfield, E., J. T. Caccioppo, and R. L. Rapson(1994). *Emotional Contagion*(New York: Cambridge University Press), p. 17.

12 Lanzetta, J. T., and B. G. Englis(1989). "Expectations of Cooperation and Competition and Their Effects on Observers' Vicarious Emotional Responses," *Journal of Personality and Social Psychology* 56: 543-554.

13 Simner, M. L.(1971). "Newborn's Response to the Cry of Another Infant," *Developmental Psychology* 5: 136-150.

14 Rizzolatti, G., and L. Craighero(2004). "The Mirror Neuron System," *Annual Reviews in Neuroscience* 27: 169-192.

15 Ibid., citing Baldissera, F., P. Cavallari, L. Craighero, and L. Fadiga(2001). "Modulation of Spinal Excitability During Observation of Hand Actions in Humans," *European Journal of Neuroscience* 13: 190–194.

16 Ailott, R.(1991). "The Motor Theory of Language," in *Studies in Language Origins*, vol. 2, W. von Raffler-Enel, J. Wind, and A. Jonker, eds.(Amsterdam: John Benjamins), pp. 123–157.

17 Ramachandran, V. S. "Mirror Neurons and Imitation Learning as the Driving Force Behind 'the Great Leap Forward' in Human Evolution," *Third Edge.* 다음을 보라. www.edge.org/3rd_culture/ramachandran/ramachandran_p1.html.

옮긴이의 글

　이 책의 제목, '뇌는 윤리적인가'는 흥미로우면서도 무섭다. '뇌'
라는 회색물질과 '윤리'라는 추상적이고 사회적인 개념이 언뜻 어
울리는 것 같지 않기 때문이다. 뇌라는 물질이 어떻게 도덕적 의미
라는 것을 가질 수 있다는 것인지 도무지 생뚱맞거나 억지스럽게
느껴질 수 있다. 뇌과학의 성과는 경이롭고 우리에게 혜택을 줄 것
이지만, 한 사람의 뇌의 상태로 그 사람이 윤리적인지 아닌지, 범죄
자인지 아닌지, 어떤 가치판단을 하는지까지 가려 낼 수 있다면 누
구나 거부감이 드는 건 당연하다. 나는 지금까지 도덕적으로 잘 행
동해 왔는데, 뇌 검진으로 도덕적 행위와 관련된 부위의 뇌손상이
있다는 결과가 나오면 잠재적 범죄자로 낙인 찍히고 취직도 못하는
것 아닌가하는 걱정 말이다. 뇌의 상태가 인간의 본성을 드러낼 수
있는 것인지, 뇌를 스캔하는 기술 자체는 믿을 만한 것인지 등에 대
한 사회적 우려들은 뇌과학, 인지과학의 발전에 대한 경이로움과
혜택을 뒤로 하고 이미 우리 사회에 조금씩 퍼지고 있다. 이 책의
저자인 가자니가의 대답부터 말하자면, 그런 걱정은 성급한 기우이
다. 저자인 가자니가가 강조하듯이 인간의 본성이나 도덕적 상태는

뇌의 상태로 완전히 설명될 수 없고 자유의지의 영역은 여전히 남아 있으며, 이 영역을 긍정적인 방향으로 계발해야 한다는 것이 이 책의 신중하면서도 적극적인 메시지이다. 그래서 '뇌는 윤리적인가'라는 이 책의 제목은 '뇌가 윤리적이다'라는 단정적인 주장을 하기 위한 것이 아니라 '뇌가 윤리적인가? 어디까지는 그렇고 어떤 부분은 그렇지 않은가?'를 이야기하기 위한 것이다.

이 책은 국내에서는 다소 생소한 '신경윤리neuroethics'의 쟁점들을 저자의 뇌과학 지식과 인지심리학, 윤리학, 철학적 분석으로 잘 어우러 소개, 분석하고 있다. '신경윤리'라는 용어는 윌리엄 사피어가 처음 사용했고, 공식적인 학문 분야로 대두된 것은 2002년 국제 컨퍼런스 'Neuroethics: Mapping the Field'에서이다. '신경윤리'란 뇌가 작동하는 방식에 대한 지식을 바탕으로 인간, 자아, 자유의지의 본성이 어떤 것인지, 그리고 우리가 사회적으로 어떻게 상호 작용할 수 있는지를 탐구하는 꽤 넓은 분야들을 망라하는 통합적 학문 분야이다. 뇌과학의 발전은 뇌영상 기술이나 뇌 기능을 향상시키는 신경 테크놀로지, 더 나아가 의식 테크놀로지의 시대를 가능하게 만들 뿐만 아니라 생명이나 의식에 대해서도 새로운 시각에서 이야기해 준다. 신경윤리는 바로 이런 새로운 테크놀로지의 시대가 제기하는 사회적, 법적, 윤리적, 철학적 문제를 다룬다. 자아와 자유의지 문제, 인간을 무엇으로 볼 것인가, 의식의 존재론적 지위 등의 심리철학이나 인지과학의 문제뿐만 아니라, 자유의지를 전제로 한 기존의 법적 판단이나 사회적 규율에도 의문을 제기하며, 기존의 '가치'와 '사실'의 이분법에도 의심의 눈길을 준다는 점에서 신경윤리는 생명윤리와는 다른 차원의 문제를 제기한다.

이 책은 신경윤리와 관련한 구체적인 쟁점들을 다룬다. 즉 생명의 시작과 끝에 대한 새로운 정의, 뇌기능을 향상시키는 데 있어 환경이 중요한지, 유전적 요소가 중요한지의 문제, 뇌영상을 통한 거짓말 탐지기(뇌지문)의 한계와 프라이버시 문제, 인지 능력 향상 약물의 윤리적 허용 문제, 뇌영상이 범죄자 판결의 기준이 될 수 있는지의 문제 등이다.

이 책이 다른 뇌과학자들의 설명과 다른 점은 두 가지이다. 하나는 저자 자신이 뇌과학자임에도 불구하고 뇌과학적 지식뿐만 아니라 통합적인 시각을 위해 다양한 도구들—인지심리학, 윤리학, 철학, 통계적, 법적 자료들—을 사용한다는 점이고, 또 다른 하나는 그런 도구들을 사용해서 저자 자신만의 독립적인 시각을 제공하고 있다는 점이다. 이 점이 바로 저자가 책에서 뇌과학적 지식만으로 설명할 수 있는 '신경논리'와 차별되는 통합적 시각으로서 '신경윤리'를 강조하는 이유이다. 그래서 가자니가는 '뇌의 상태'와 '인간 됨'은 완전히 독립된 개념이며, 도덕적 책임은 뇌의 상태에서 나오지만 뇌와 동일시될 수는 없고, 책임은 뇌와 구별되는 인간에게 있다고 강조한다. 저자는 균형잡힌 시각을 위해 자신이 수행한 분할 뇌 실험 같은 경험적 자료들과 여러 분석 도구들을 통해서 상반되는 입장들을 보여 주고, 궁극적으로 구체적인 맥락에서 윤리적 행동을 하는 주체인 우리 인간의 자발적이고 능동적인 직관을 계발해서 이를 통해 보편 윤리가 가능하다는 낙관적이고 적극적인 메시지를 던진다.

가자니가가 이 책에서 다루는 여러 주제들은 이미 사회적, 법적으로 논란이 되기 시작했다. 그 주제들 중 하나인 뇌지문brain fingerprinting은 뇌 영상이 거짓말 탐지기 역할을 하게 될 경우 생겨나는 프라이버시 문제이다. 뇌 탐지 기술은 이미 1980년대에 미국에서 뇌파 검사로 피의자의 거짓말을 탐지할 목적으로 FBI가 개발했고 현재 CIA가 사용하고 있다. 이 검사가 법적 증거로까지 제시된 것은 최근 2000년이지만, 판결을 내리는 데 필요한 근거로 인정받지 못하다가 최근 2008년 인도에서 법적 근거로 사용되었고, 여전히 논란이 되고 있다. 또 인지 능력 향상 약물의 경우 인지 기능을 치료하는 약이 거꾸로 정상인들의 인지 기능을 향상시키기 위해 사용하는 문제가 이미 우리나라에서도 발생하고 있다. 이는 '치료'와 '기능 향상'의 경계가 명확하지 않다는 문제뿐만 아니라, 인지 능력 향상 약물이 치료 목적이 아닌 기능 향상의 목적으로 사용될 경우 사회적인 기회 불평등을 심화시킨다는 문제, 그리고 인간 본성과 정체성, 자유의지 여부의 철학적인 문제에까지 직접적이고도 긴밀히 연관된다. 더 심각한 문제는 실제로 이런 약물의 잠재적 부작용에 대한 문제이다. 이 문제는 단순히 뇌과학이나 약리학적 문제를 넘어서서 마음과 뇌의 관계가 어떤 것인가에 따라 그 파장이 달라지기 때문에 마음-뇌 관계에 대한 인지과학적, 뇌과학적, 철학적 접근이 함께 필요하다. 뇌 연구에 따른 인간의 자유의지와 책임의 문제, 그리고 사회 계약과 정책의 문제와도 연관되어 있는 다차원적이고 복합적인 문제인 것이다.

신경윤리의 문제들이 이렇게 통합적이고 다차원적인 분석을 필요로 하는 만큼 이 책의 저자 가자니가는 책 전체에 걸쳐서 여러 차례 '신경윤리에 있어 중요한 것은 맥락'이라는 점을 강조한다. 그래서 가자니가는 인지 능력 향상 약물이나 뇌 프라이버시, 안락사, 환경 요소와 유전 요소의 선후 관계와 같은 문제에 대한 결정적인 답을 내리기보다는 다양한 맥락과 상황을 고려할 것을 구체적 사례들을 통해서 제시한다. 그렇다면 이 책은 윤리적 상황들이 모두 맥락에 따라 상대적이라고 주장하는 것처럼 보일 수도 있다. 그러나, 역설적이게도 가자니가는 '보편 윤리'를 지향한다. 이 보편 윤리는 하나의 절대적인 지침으로서의 도덕 법칙이 아니라 저자인 가자니가가 굳게 믿고 있는 우리 인간 안에 내재되어 있는 도덕적 직관에 기반한 것이다. 이런 가자니가의 생각에 대해서 지나치게 낙관적이라고 생각할 수도 있다. 역사상 수많은 전쟁과 폭력을 일으켜 온 인간의 본성을 어떻게 무작정 믿으란 말인가? 이에 대한 가자니가의 대답은 '구더기 무서워 장 못 담그랴'는 식이다. 원자폭탄이나 약물의 부작용이 무서워서 과학의 발전 자체를 중지하는 것보다는 어떻게 부작용을 막고 우리 삶을 긍정적인 방향으로 이끌 수 있는지를 적극적으로 모색하는 것이 더 생산적이라는 것이다.

가자니가는 국내 일반 대중들에게는 비교적 덜 알려져 있다. 가자니가는 우리나라에 비교적 알려져 있는 뇌과학자인 로저 스페리와 함께 분할뇌 실험을 이끈 장본인으로, 뇌영상을 통한 마음의 기능을 탐구하는 인지신경과학cognitive neuroscience이라는 제2세대 인지과학 분야를 개척한 인지과학자, 신경학자이자 심리학자, 신경윤리학자이다. 가자니가는 단순한 뇌과학자일 뿐만 아니라, 뇌의 사회적, 법적, 철학적 함의에 대해 심리학자, 법학자, 철학자들과 함께 국가 프로젝트를 이끄는 중요한 역할을 맡고 있다. 현재는 캘리포니아 대학교 산타바버라 캠퍼스의 심리학과 교수로 있으며, 그 이전에 있던 대학들에서는 신경학과와 심리학과의 교수였다. 마음연구소Sage Center for the Study of Mind 소장으로서 학제간 연구를 진행하고 있으며, 법과 신경과학 프로젝트The Law and Neuroscience Project를 이끌어 가고 있다. 2008년 11월에는 〈법과 신경과학〉이라는 논문을 《뉴런》지에 발표하는 등 뇌과학과 법학, 윤리학, 철학 등을 잇는 활동을 활발히 하고 있다. 가자니가는 이 책 이외에도 인지과학도들에게는 교과서와 같은 《인지신경과학Cognitive Neuroscience》 같은 수많은 책들을 썼고, 최근 들어 뇌과학의 사회적·윤리적·철학적 함의를 다루는 《사회적 뇌Social Brain》 같은 책들을 계속 써 왔다.

역자가 이 책을 굳이 번역하겠다는 생각을 하게 된 것은 단순히 학문적인 관심 때문만은 아니다. 한 친구와 나누었던 고민이 어느 정도 해결될 수 있지 않을까 하는 작은 소망 때문이었다. 이 책에서 언급되는 측두엽 간질을 앓는 친구를 미국에서 대학원 동료로 만났고, 그녀와 자유의지와 의식이 정말 있는지를 함께 이야기하던 중 이 책을 만났다. 그녀는 이 책에서 저자가 말하는 것처럼 약물은 뇌 상태의 징후만 다스릴 뿐 근본적인 것은 또 다른 문제 같다고 말하곤 했다. 이 책은 우리의 개인적 문제일 수도, 사회적 문제일 수도 있는 주제들에 관해 뇌과학적으로만 아니라 철학적, 문화적, 교육적, 사회적 관점을 통해 종합적으로 접근하고 있다.

미국에서 인지신경과학을 공부할 때 교재의 저자로만, 그리고 신경과학철학을 하는 철학자들이 좋아하는 뇌과학자로만 저자를 알던 역자는 2008년 4월 서울에서 열린 '월드 사이언스 포럼World Science Forum'에 강연차 온 가자니가를 만났다. 역자의 예전 지도교수가 자신과 친구라는 것을 알자 가자니가는 긴장을 풀고 커피 라운지 소파에 벌렁 드러누워 자신이 요즘 먹는 유기농 음식과 어떤 SF를 선호하는지 등의 이야기들을 해주었고, 뇌손상을 입은 사람들의 의식 정체성과 삶의 질에 관한 역자의 질문에는 벌떡 일어나 심각한 얼굴로 자신의 연구의 궁극적 목표가 바로 그런 사람들을 위한 것이며, 이를 위해 비밀 프로젝트를 시작했다고 이야기해 주었다. 저자가 이 책에서 그토록 낙관적일 수 있는 배경에는 뇌 손상으로 인해 어려움을 겪고 있는 환자들, 그리고 갱생의 어려움을 겪는 사회적·정신적으로 소외된 이들에 대한 적극적 극복의 의지와 희망의 메시지가 있다.

번역에 대한 조언을 주신 박소정, 장대익, 강유원, 최경석, 신인자, 노호진, 최훈, 조연수, 이인영 선생님께 감사의 마음을 전한다.

김효은

찾아보기

뇌는 윤리적인가

초판 1쇄 발행 | 2009년 4월 13일
개정판 1쇄 발행 | 2015년 10월 26일
개정2판 1쇄 발행 | 2023년 8월 11일

지은이   마이클 S. 가자니가
옮긴이   김효은
책임편집   정일웅
디자인   주수현 정진혁

펴낸곳   바다출판사
주소   서울시 종로구 자하문로 287 부암북센터
전화   322-3885(편집), 322-3575(마케팅부)
팩스   322-3858
E-mail   badabooks@daum.net
홈페이지   www.badabooks.co.kr

ISBN 979-11-6689-176-2 03470